美味沙拉 *120* 款

日本主妇之友社◎编著　赵净净◎译

青岛出版社
QINGDAO PUBLISHING HOUSE

前言

"可提前做的沙拉"，指的是既可以做好后直接吃，还可以做好后放在冰箱里冷藏起来，有丰富蔬菜的西式常备菜。这些菜放入冷藏室的时间越久，食材越入味，沙拉会变得更美味。土豆沙拉、腌渍卷心菜丝……一次多做一些，可以吃好多次，能极大地丰富你的餐桌。

只需从冷藏室中取出，然后"啪啪啪"打开一个个保鲜盒，并摆在桌子上，一顿饭就准备好了！

在丰富的蔬菜中加入了鱼和肉的小菜式沙拉，只要再来点米饭和汤，这顿饭就会变得很丰盛了。如果说当主菜较为单调，作为副菜登场也相当不错。

这里有120款可以直接搭配小菜、便当、饭团食用的沙拉菜式。

例如，一个人吃午餐时，就不用再一样样做出一人份的菜，有直接可以拿来吃的东西，岂不是很幸福的一件事。又比如，晚上很晚才回到家，在做一家人的晚餐时，可以立刻拿出搭配白米饭或饭团的小菜，多么省事啊！即使准备第二天早上的便当，如果只需握几个饭团，岂不是大大节省了时间？

"可提前做的沙拉"，是帮助平日忙碌的人们快速准备好一餐饭的好帮手。

它所带来的安心感和舒心感，是单身者和为全家准备饮食的人都必不可少的。

目录

本书使用说明

●材料基本是用4人份表示。不同的料理，也有用适合提前制作好的分量（容易制作的分量）表示的。

●蔬菜类，如无特殊注释，都是省略了洗、去皮等步骤，从其后面步骤开始讲解的。

●煎锅，原则上使用的是含氟树脂加工的煎锅。

●制作方法中的火候，如无特殊注释，请选用中火。

●小勺为5ml，大勺为15ml，1杯为200ml。但是，大米用电饭锅附带的容量为180ml的量杯量取。

●微波炉（或电烤箱）的加热时间，如无特殊注释，是以使用600瓦的为准绳。如果用500瓦的，请把加热时间延长至1.2倍。此外，不同的机型可能会有略微差异，请按照需要的程度自己把握。

●汤勺，指的是可以盛放颗粒或干鲣鱼等的日式汤勺（普通市售的就可以）。汤，是在颗粒或固体状汤（可以使用清炖肉汤、肉汤等市售品）中，加入了西式或中式元素的汤。

●每一款沙拉，都附有保存方法和保存时间的小提示。这个保存时间是大概时间，不同的保存状态下保存时间可能会有区别，请注意这一点。尤其是夏天，以尽量早点吃完为妥。此外，放入便当盒可能会在移动过程中损坏，请尽量做好后直接装起来。

第1章

放久了依然好吃的
小菜式沙拉

可以做好后直接吃，即使放冰箱冷藏室保存后，味道也毫不
逊色，适合提前做出来。这里还将介绍在丰富的蔬菜中加入
了肉、鱼、意面等的大份沙拉。

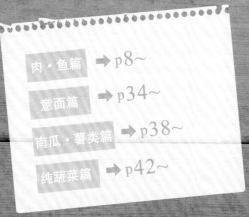

冷藏可保存
5天

鸡腿肉沙拉

材料（4人份）

鸡腿肉·······················2块
西蓝花·······················半个
土豆·······················2个
紫洋葱·······················1/8个
生菜叶·······················3大片
芝麻菜·······················20克
A ｜ 盐·······················1/2小勺
  ｜ 胡椒·······················适量
B ｜ 芥末粒、伍斯特辣酱油、水···各1大勺
  ｜ 蛋黄酱·······················4大勺
  ｜ 酱油·······················1/2大勺
色拉油·······················1/2大勺

做法

1. 鸡肉去筋，抹上A。将B充分混合。
2. 土豆洗净后用保鲜膜包起来，放入微波炉加热3分钟，翻面后再加热2分钟左右。土豆去皮后切成厚约1.5cm的半月形土豆块。西蓝花掰成小朵，在加过盐（分量外）的热水中焯一下滤干水分。把生菜叶和芝麻菜切成方便食用的大小，紫洋葱切成薄片。
3. 在煎锅中放入色拉油，用弱中火加热，把鸡肉带皮的一面朝下摆好。用锅铲等按住煎3~4分钟，待皮煎得焦脆后翻面，然后用小火煎4~5分钟直到完全熟透。自然冷却一会儿后，切成刚好可以一口吃掉的大块。
4. 先把步骤2中的材料盛在容器里，再把步骤3备好的材料放在上面，加入混合好的B拌匀即可。（重信）

制作技巧

保存时，把除生菜之外的材料用B拌好，然后放入保存容器放进冰箱冷藏。吃之前再加入生菜即可。为避免蔬菜变色，也可以先不拌，吃之前再把B拌进去。

棒棒鸡沙拉

材料（4人份）

鸡胸肉 ·······················	1大块
豆芽 ·························	2包
秋葵 ·························	10根
A │ 生姜皮、盐 ·············	各少许
│ 葱叶 ·················	1根
B │ 蒜末 ·················	1勺
│ 姜末 ·················	2勺
│ 葱末 ·················	15克
│ 白芝麻 ···············	100克
│ 盐 ·················	1/2小勺
│ 醋 ·················	1大勺
│ 豆瓣酱 ···············	1小勺
│ 酱油 ·················	少许

做法

1. 铁锅中放入鸡肉，放入A，加入刚好没过鸡肉的水，煮开后改小火，稍微掀开一点锅盖。煮10分钟后将鸡肉翻面，接着再煮5分钟，然后自然冷却。把鸡皮切成细丝，肉撕成易于食用的大小（汤汁留着备用）。

2. 豆芽去掉杂根，秋葵去蒂后剥开。把步骤1中的汤汁经过滤后放入铁锅，水开后放入秋葵，焯一下取出放入滤筐。接着放入豆芽，略焯后捞起放入滤筐。

3. 把步骤1、步骤2中备好的料放入碗中，加入经混合后的B拌一下即可。（夏梅）

制作技巧

蔬菜的芳香，浓郁的酱香，充分渗透到鸡肉中，保存时间越久，味道融合得越充分，吃起来更加美味。

吃之前，可以加一些薄西红柿片或黄瓜丝。

冷藏可保存
3~4 天

冷藏可保存
4天

烤肉沙拉

材料（4人份）

牛肉···································· 300克
大葱······························· 1根
香菇、口蘑、金针菇、灰树花菌··· 各100克
红椒······························· 2个
A | 蒜末 ························· 1小份
　 | 姜末 ························· 2大勺
　 | 苹果（切末）············· 1/4个
　 | 酱油 ························· 3大勺
　 | 盐、辣椒 ················· 各少许
B | 醋 ···························· 4大勺
　 | 盐 ···························· 1/2小勺
　 | 鸡骨汤底 ················· 1/2大勺
　 | 芝麻油 ···················· 2大勺
　 | 开水 ························· 1/2杯
色拉油······························· 4大勺
辣椒······························· 适量

做法

1. 牛肉切成宽1cm的条，涂上经充分混合的A腌渍一下。把B搅拌好备用。

2. 大葱切成3cm长的葱段。香菇去根后在香菇腿上切开，撕成两半。口蘑去根后撕成小块，金针菇去根后中间斩一刀，弄散。灰树花菌掰成易于食用的大小。红椒纵切成两半，去籽去蒂后切成细丝。

3. 煎锅中放入2大勺色拉油，大火烧热，把步骤1中备好的牛肉连汁放入翻炒，变色后立刻盛出。把剩下的色拉油倒进去，放入步骤2中备好的料炒至变软。再把牛肉放进去，加入B后一同翻炒，根据自己的喜好撒入适量辣椒粉即可。（夏梅）

制作技巧

如果准备保存起来，一定要把牛肉炒至熟透。如果打算做好后直接吃，则可以根据自己的喜好，稍微翻炒一下即出锅。因口味较为浓厚，适合搭配便当来吃。

吃之前，可以加入一些生菜或紫苏等生食蔬菜。搭配黄瓜丝或圆生菜叶等也不错。

冷藏可保存
4~5 天

蔬菜丰富的肉酱沙拉

材料（4人份）

猪肉糜	400克
胡萝卜	100克
香菇	4个
茄子	2个
生姜末	1小份
波士顿生菜	1个
A　水	1杯
甜料酒	2大勺
酱油	2小勺
砂糖	3大勺
酒	2大勺
味噌	4大勺
生姜末	2小份
色拉油	2大勺

做法

1. 胡萝卜、香菇、茄子切成5~6mm宽的小块。
2. 煎锅中放入色拉油烧热，放入生姜末翻炒，炒出香味后加入步骤1中备好的蔬菜翻炒。
3. 炒至蔬菜变软后加入肉糜翻炒，肉糜变色后按顺序加入A中各味调料，中小火继续翻炒2~3分钟。最后盛入铺有波士顿生菜的容器中即可。（武藏）

制作技巧

保存的时候，只把肉酱放入保存容器冷藏即可，吃的时候再加入生菜。肉酱汁收得充分一些可以存放得更久。

辣味杂蔬肉馅沙拉

材料（4人份）

牛肉和猪肉合绞肉馅	…………	300克
粉丝	…………	100克
辣椒（红色）	…………	2个
小葱	…………	1把（100克）
A	酱油	3大勺
	酒、砂糖、芝麻油	各1大勺
	蒜末	2小勺
	胡椒	少许
芝麻油	…………	2大勺

做法

1. 辣椒对半切成4份，去籽去蒂后横向切成细丝。小葱切成长4cm的葱段。粉丝煮2~3分钟后放入冷水，控水后切成易于食用的长度。
2. 把肉馅和A放入碗中，用筷子搅拌均匀。
3. 煎锅中加入芝麻油烧热，先放入辣椒炒至变软，然后放入小葱略炒后另盛碗中。
4. 把步骤2中的料连汁放入煎锅，翻炒至肉变色，然后放入粉丝继续翻炒。入味后把步骤3的料放入搅拌一下，再根据需要加入少许盐（分量外）调味。

制作技巧
放入冰箱冷藏后如果粉丝口感变硬，吃之前可以放在微波炉中稍微加热一下。

冷藏可保存
3天

15

腌渍洋葱牛肉沙拉

材料（4人份）

牛肉··························	300克
洋葱··························	1个
盐、胡椒··················	各少许
A｜醋、酱油··············	各3大勺
｜蒜末、盐、胡椒········	各少许
橄榄油······················	2小勺

做法

1. 洋葱切成细丝后撒入盐（分量外），轻轻揉搓至出水后滤干水分。A混合备用。

2. 牛肉切成易于食用的大小，放入盐和胡椒。煎锅中放入橄榄油烧热，放入牛肉翻炒，炒熟后放入A，然后加入洋葱拌匀即可。（牛尾）

要点

牛肉炒熟后趁热放入腌泡汁，充分腌泡入味。

制作技巧

紫洋葱放久了容易出水，所以要提前用盐揉搓挤出水分，这样有利于保存。

盛到容器中后，可撒上一些荷兰芹，或用生菜等搭配一下都不错。

麦仁火腿沙拉

材料（4人份）

麦仁·······················1杯
火腿·······················6根
迷你西红柿················10个
黄瓜·······················1根
紫洋葱·····················1/2个
玉米罐头···················4大勺
A 芥末·····················2小勺
白葡萄酒醋、橄榄油·········各4大勺
盐·······················1小勺
胡椒·····················少许

制作技巧

保存时，要把容易出水的蔬菜挑出来，其余部分放入保存容器。冷藏过程中时不时搅拌一下会更好吃。

做法

1. 麦仁放入充足的热水中煮10分钟左右，捞出过滤掉水分。
2. 迷你西红柿去蒂后竖着切成4等份。黄瓜、紫洋葱和火腿切成5mm厚的小块。
3. 把步骤1和步骤2的材料放入碗中，加入不带罐头汁的玉米粒，再加入A拌匀。
4. 吃之前，根据自己的喜好，可盛放在铺有波士顿生菜的容器中。(牛尾)

备注

麦仁
由去皮的大麦蒸熟后再烘干制作而成。未经过辊压，所以容易煮熟也更容易消化。富含膳食纤维和矿物质。

冷藏可保存
3 天

17

猪肉大葱小白菜中式火锅沙拉

材料（4人份）

猪里脊肉片	200克
大葱	3根
小白菜	2大棵
盐、胡椒	各少许
A 酒	1大勺
色拉油	1/2大勺
B 酱油	2大勺
醋	4/3大勺
芝麻油	2小勺
豆瓣酱	1/2小勺
蒜末、白芝麻、胡椒	各少许

制作技巧

整体浇上酱油后放入保存容器，
待完全冷却后再放入冰箱冷藏。

做法

1. 大葱切成3~4cm长的葱段。小白菜叶子全部择
下来，菜心和菜叶分开。猪肉加入盐和胡椒腌
上。A和B分别混合均匀。

2. 煎锅中放入葱段、小白菜心、猪肉，加入A，盖
上锅盖加热。开始出现汤汁时，改成小火蒸5分
钟左右，加入小白菜的菜叶再继续蒸3分钟。

3. 盛在容器中（或放入保存容器），加入B即可。
（岩崎）

要点

把材料摆放在煎锅里后，再加
入酒和色拉油，然后盖上锅盖
就可以了。小白菜叶较易熟，
所以可以稍晚一点加入。

油煨蘑菇虾仁沙拉

材料（4人份）

虾仁·····················200克
蘑菇·····················200克
夏南瓜···················2个
盐·······················少许
A｜鳀鱼（鱼片）·········10克
　｜大蒜（捣碎）·········2瓣
　｜红辣椒···············2个
　｜橄榄油···············2/3杯
　｜香叶·················2片

做法

1. 大虾仁用竹签挑去沙线，清洗后用厨房纸巾拭去水分。蘑菇洗净后撒盐。夏南瓜先对半切2刀成4等份后再切成长3cm的小块，洗净后滤去水分。
2. 把A和步骤1中的材料放入煎锅，待虾仁变色、蘑菇变小后改中火，油煨20分钟左右即可。

制作技巧

因为是用油煨的，所以保存容器请尽量选择陶瓷或金属制容器。从冷藏室拿出后直接吃，或者重新加热一下再吃都不错。

吃的时候，搭配蘸了汤汁的法式长棍面包是绝妙组合。

冷藏可保存
4天

19

冷藏可保存
4 天

虾仁粉丝沙拉

材料（4人份）

大正虾（小）……200克
粉丝……………… 80克
紫洋葱……………1个
红辣椒圈………… 少许
醋………………… 少许
A ┃ 大蒜末 ……… 3瓣
  ┃ 色拉油 ……… 4大勺
B ┃ 柠檬汁 ……… 2个
  ┃ 鱼露 ………… 4大勺
香菜………………1棵

做法

1. 粉丝按照包装袋说明泡发，捞起到滤筐中，切成易于食用的长度。
2. 如未去除虾的沙线，则先用竹签挑去沙线，用加醋的热水煮熟后自然晾凉。如未去壳则先剥去虾壳，然后沿中间切成两半。
3. 紫洋葱竖着切成薄片，加入已混合均匀的B后充分混合入味。
4. 把A放入煎锅，用小火加热，将蒜末炒至微微发黄后关火，加入红辣椒圈。再加入步骤1、步骤2、步骤3中的材料拌匀，撒上切碎的香菜即可。（夏梅）

也可以先把香菜拌进去后再盛出来。

制作技巧

因为里面有粉丝，所以即使洋葱等蔬菜出水也没关系。冷藏过程中只需时不时整体晃动一下就可以。

西葫芦猪肉火锅沙拉

材料（4人份）

猪肉（涮火锅用）… 200克
西葫芦、洋葱…… 各1个
西洋菜………… 50克
柠檬（汁）…… 1个
盐…………… 少许
A｜ 盐 ………… 1/2小勺
｜ 醋、酱油 …… 各1大勺
｜ 胡椒 ………… 少许
｜ 橄榄油 ……… 3大勺

做法

1. 西葫芦去子去皮后切成厚约1cm的薄片，滴上一些柠檬汁。
2. 西洋菜入水略焯后控去水分，用焯菜的水把肉片煮开后捞到滤筐中。西洋菜切成易于食用的大小，拭去水分。
3. 洋葱竖着切成薄片，撒入盐后静置10分钟，揉搓后迅速冲洗一下，控去水分。
4. 把步骤1、步骤2、步骤3的材料放入碗中，加入已经混合好的A后搅拌均匀即可。（夏梅）

多滴一些柠檬汁，有利于使西葫芦保持原来的色泽。

制作技巧

冷藏后猪肉上的脂肪容易凝固，可以选用脂肪较少的部位。西葫芦上多滴一些柠檬汁，可以防止变色。

冷藏可保存
2~3天

冷藏可保存
3 天

烤鲐鱼金针菇沙拉

材料（4人份）

鲐鱼	半条
杏鲍菇	2条
金针菇、南瓜	各200克
酒、盐、胡椒粉	各适量
A 醋、酱油、水	各4大勺
砂糖	1大勺
生姜末	少许
面粉	1大勺

做法

1. 杏鲍菇切成易于食用的大小，金针菇分成小束，洒上酒轻轻搅拌。南瓜切成易于食用的大小。鲐鱼切成一口大小，放盐和胡椒粉后裹上面粉。把A搅拌均匀。

2. 煎锅烧热后放入南瓜，煎至两面焦黄后放入A中。接着把杏鲍菇和金针菇放入煎锅煎至上色，同样放入A中。鲐鱼两面翻煎至熟透后也放入A中。

3. 整体搅拌均匀，连汁盛入容器中即可。（浜内）

要点

蘑菇经过煎制很容易因水分蒸发而缩水，提前洒上一些酒，可以减缓缩水程度，煎出鲜嫩多汁的蘑菇。

鲐鱼烤至表面焦脆后放入腌泡汁，可吸取到蔬菜和蘑菇的鲜美味道，既能提升口感，又能延长保存时间。

制作技巧

通过煎制把蔬菜中的水分排出。用氟化树脂材质的煎锅进行无油煎烤，在享受美味的同时又不脱离健康的生活方式。

黑醋风味蔬菜大虾沙拉

材料（4人份）

虾······························ 12条
西葫芦·························· 1个
茄子···························· 2个
南瓜·························· 200克
辣椒（红色）···················· 1个
A │ 橄榄油····················· 4大勺
　 │ 奶酪粉···················· 4/3大勺
B │ 黑醋、橄榄油··············· 各4大勺
　 │ 盐······················· 2/3小勺
　 │ 胡椒······················ 少许

做法

1. 虾去壳留尾，背部划开去除沙线。西葫芦先切成两半，然后再竖着切成4~5mm厚的小块。茄子去蒂，竖着切成4~5mm厚的小块。南瓜去蒂去子后，切成4~5mm厚的锯齿形。辣椒去蒂去籽后，切成2cm宽的小块。

2. 把B放入碗中搅拌均匀。

3. 把A洒入步骤1的材料中搅拌一下，放入加热至200℃的烤箱（电烤炉）中烤10分钟左右。

4. 趁热放入步骤2的碗中搅拌均匀即可。（牛尾）
注：用烤鱼架（或抹了一层油的煎锅）烤至焦黄也可以。

要点

各种蔬菜的大小和厚度切成一样，以便经过相同时间的加热后都能烤透。

在蔬菜上涂满橄榄油和奶酪粉，使蔬菜经过烤制后色泽和香味俱佳。

茄子和西葫芦皮朝下摆放，烤至切口焦黄。

备注

黑醋

一种从葡萄中提取出来的意大利香醋。具有适度的酸味、独特的香味和甜味，可提升沙拉或炒肉等的口感。

制作技巧

烤好后趁热吃味道不错，冷却后放入冰箱冷藏入味，味道会更好。如果蔬菜夹生，保存时很容易出水，所以一定要烤干。

干酪章鱼土豆沙拉

材料（4人份）

煮章鱼·······················200克
干奶酪·······················200克
土豆··························2个
罗勒叶························20片
橄榄油（尽量选用蒜香风味的油）···2大勺
盐···························1小勺
黑胡椒粒（尽量选用粉红胡椒）···1小勺

制作技巧

可以品尝到橄榄油和罗勒叶芳香的一款简单沙拉。如果提前做好存放起来，要减少罗勒叶的用量，吃的时候再放入新鲜的罗勒叶，这样味道会更好。

做法

1. 章鱼切成1.5cm的小块，干奶酪除去水分后切成1.5cm的小块。罗勒叶用手撕成易于食用的大小。
2. 土豆切成1.5cm的小块，放入炒锅后加入充足的水，煮至土豆变软。捞到滤筐中，控水后自然冷却。
3. 把步骤1和步骤2的材料放入碗中，加入橄榄油和盐后搅拌均匀。盛到容器中，撒上胡椒粒即可。（牛尾）

冷藏可保存
2~3 天

大虾西蓝花沙拉

材料（4人份）

虾仁……………… 200克
煮鸡蛋（7分熟）… 3个
西蓝花…………… 2个
洋葱……………… 1/2个
盐………………… 适量
醋、黑胡椒……… 各少许
A | 蛋黄酱、原味
　 | 酸奶 ………… 各1/2杯
　 | 醋 …………… 2大勺
　 | 盐 …………… 1/2小勺

做法

1. 用竹签挑去虾仁的沙线，冲洗干净。放入加有醋的热水中煮，煮开后关火，自然冷却后捞出控水。
2. 西蓝花掰成小朵，放入加了少许盐的热水中煮熟，捞出控水。煮鸡蛋剥去蛋壳后切成大块。洋葱切成细丝，放入少许盐腌一会儿后揉搓出水，快速冲洗一下滤干水分。
3. 把A放入碗中搅拌一下，加入步骤1、步骤2的材料后再搅拌均匀，放入黑胡椒即可。（夏梅）

辣味胡椒容易勾起食欲

制作技巧

洋葱放久了容易出水，所以要先加盐腌渍后把水分揉搓出来，尽量除去水分是关键所在。

冷藏可保存
2~3 天

27

冷藏可保存
3 天

醋腌茄子扇贝沙拉

材料（4人份）

茄子	6个
扇贝贝柱	12个
红辣椒	2根
酒	2大勺
醋	6大勺
A 高汤	6大勺
酱油	2大勺
甜料酒	4大勺
盐	1/2小勺
面粉	适量
食用油	适量
阳荷	4个
冬葱	4根
绿紫苏	10片

做法

1. 茄子去蒂后竖着切成两半，在皮上切出格子状刀口，切成长度均匀的2~3块。扇贝中放入酒。

2. 把切成两半的红辣椒放入炒锅，加入A煮一会儿。关火后自然冷却，然后加入醋搅拌。

3. 炒锅中加入深2cm左右的食用油，烧至180℃，把茄子放进去炸2~3分钟，捞出用厨房纸巾包起来吸去油分。

4. 扇贝滤干水分后薄薄地裹上一层面粉，放入步骤3的锅中炸一下。把扇贝和茄子放入步骤2的材料中，放置10分钟以上让味道充分融合。

5. 阳荷和冬葱切成小块，绿紫苏切成丝后搅拌均匀，撒在步骤4盛入容器中的材料中即可。（藤井）

制作技巧

保存时，把阳荷、绿紫苏、冬葱等也拌进去一起冷藏，香味会更浓郁，更加好吃。

醋腌鲑鱼沙拉

材料（4人份）

生鲑鱼…………… 4片
洋葱…………… 1/4个
胡萝卜…………… 20克
青椒…………… 1个
盐、胡椒………… 各少许
面粉、食用油…… 各适量

A ┌ 高汤、酱油 … 各3大勺
  │ 醋 …………… 7大勺
  │ 砂糖 ………… 3/2大勺
  └ 红辣椒 ……… 1个

做法

1. 鲑鱼切成2~3等份，撒上盐和胡椒入底味。
2. 洋葱切成细丝，胡萝卜和青椒都切成细丝。把A放入保存容器中搅拌均匀。
3. 将步骤1中的鲑鱼裹上面粉，放入烧至170℃的热油中炸至酥脆。滤干多余的油后放入A中，然后再加入步骤2中备好的材料，放置一会儿待其自然冷却。
4. 蔬菜变软后，将其上下翻面后快速搅拌即可。（牛尾）

要点

炸好后直接浸泡会更容易入味。提前准备好腌泡汁，按照炸制顺序依次浸泡即可。

制作技巧

为使味道均匀，要把蔬菜切得大小一致。冷藏过程中时不时翻动一下，便于食材均匀入味。

冷藏可保存
1周

冷藏可保存
4 天

扇贝萝卜沙拉

材料（4人份）

水煮扇贝贝柱罐头·············40克
萝卜·····················9cm长的段
萝卜缨····················20克
盐·······················1大勺
A ｜ 扇贝贝柱罐头汁水 ·········2大勺
　 ｜ 醋 ·····················3大勺
　 ｜ 酱油、芝麻油 ··········各1大勺
　 ｜ 盐 ·····················1/3小勺
　 ｜ 胡椒 ····················少许
烤海苔（整块）··············1/2片

做法

1. 萝卜去皮后切成3cm长的细丝，萝卜缨切成碎末。放入2.5杯盐水中浸泡10分钟，然后用力揉搓使水分完全排出。
2. 扇贝掰碎后放入碗中，加入步骤1的材料充分搅拌，把海苔撕成一口大小放进碗中。
3. 盛入容器，加入经充分搅拌的A即可。（夏梅）

制作技巧

用A搅拌均匀后放入保存容器中，放入冰箱冷藏。海苔在吃之前再加就行。萝卜容易出水，所以吃的时候要轻轻揉搓把水分排出，也可根据自己的喜好加入蛋黄酱等。

油煎沙丁鱼沙拉

材料（4人份）

油煎沙丁鱼罐头······················2罐
黄瓜···································2根
西红柿································2个
A 酱油·····························1大勺
   砂糖·····························1小勺
   醋·······························2大勺
   胡椒·····························适量
大葱丝································适量

做法

1. 黄瓜切成圆形薄片，西红柿切成1cm大小的块。把A混合起来（通过调整胡椒用量来调整辣味）。

2. 把黄瓜、西红柿和油煎沙丁鱼放入碗中，加入A搅拌一下盛到容器中，放上葱丝即可。（池上）

制作技巧

如果提前制作存放起来，可以多加一些香味蔬菜。多放些葱丝会更好吃。沙丁鱼油甜味较浓，所以不妨多加入一些罐头汁。

冷藏可保存
3天

冷藏可保存
3 天

炒煮羊栖菜
培根沙拉

材料（4人份）

培根	4片
羊栖菜（干）	50克
辣椒（红色）	1/2个
青椒	2个
A 水	1杯
酱油、料酒	各2大勺
色拉油	2小勺

做法

1. 羊栖菜充分淘洗干净，在水中泡5分钟左右后捞出来，再挤掉水分。培根切成1cm宽的小块。
2. 红辣椒和青椒去蒂去籽后切成1cm的小块。
3. 煎锅中放入色拉油烧热，先放入培根翻炒，再放入羊栖菜翻炒均匀，加入A后开始煮。
4. 盖上锅盖用小火煮5分钟左右，加入步骤2的材料后炒煮1分钟即可。（牛尾）

辣椒油拌胡萝卜
和鳀鱼

材料（4人份）

胡萝卜	1根
鳀鱼	25克
大葱	10cm的长段
A 芝麻油	2小勺
辣椒油	1/3~1/2小勺
盐	1/3小勺
黑胡椒粒	少许

做法

1. 胡萝卜切成长4cm、宽7mm的条。大葱切成碎末。
2. 碗中加入A、鳀鱼、大葱后充分搅拌。
3. 锅中烧开水后加入盐（分量外），放入胡萝卜焯1分钟左右。捞起到滤筐中彻底控干水分，趁热放入步骤2的材料中搅拌均匀即可。（植松）

冷藏可保存
2~3 天

冷藏可保存
1 周

咖喱萝卜干金枪鱼沙拉

材料（4人份）

金枪鱼罐头		A 番茄酱 …… 1小勺
（汤煮）* … 2小罐		酱油 …… 2小勺
萝卜干…… 60克		盐、胡椒 … 各少许
冬葱……… 10根		色拉油 …… 4小勺
咖喱粉…… 2小勺		

*如果是油浸金枪鱼罐头，需把罐头汁倒掉再使用。

做法

1. 萝卜干冲洗干净，放入水中浸泡5分钟左右，捞起后彻底控干水分。冬葱切成3cm长的葱段。
2. 煎锅中放入色拉油烧热，把步骤1的材料和含罐头汁的金枪鱼放入后翻炒。加入咖喱粉后继续翻炒，整体入味后加入A调味即可。（牛尾）

冷藏可保存
2~3 天

豆芽和油炸鸡胸肉沙拉

材料（4人份）

鸡胸肉…… 6块	B 黑芝麻 …… 8大勺
豆芽……… 400克	醋 …… 6大勺
四季豆…… 24个	砂糖 …… 3大勺
A 盐 …… 2/3小勺	盐 …… 2/3小勺
酒 …… 2大勺	海带 …… 少许
	盐、芝麻油…… 各少许

做法

1. 用叉子在鸡胸肉上插满小孔，放入耐热器皿中用A揉搓，放置5分钟令其充分入味。盖上保鲜膜，放入微波炉加热5分钟左右直至鸡胸肉完全熟，然后自然冷却。
2. 碗中加入B，充分搅拌。
3. 四季豆去筋，在加入盐和芝麻油的热水中与豆芽一起焯20~30秒，捞起后彻底控干水分。
4. 将鸡胸肉撕成一口大小，连汁一起放入步骤2的碗中，再加入步骤3的材料搅匀即可。（枝元）

通心粉沙拉

有了这道沙拉，可以不用费力去做其他小菜了。

材料（4人份）

通心粉	250克
火腿	5片
煮鸡蛋	3个
胡萝卜	1/2根
黄瓜	1根
盐	适量
A 蛋黄酱	200克
牛奶	1/2杯
砂糖	1大勺
盐、胡椒	各少许

做法

1. 通心粉放在加有少许盐的热水中煮，在包装袋标明的煮面时间的前1分钟，把切成薄蝴蝶片的胡萝卜放进去，煮熟后一起捞到滤筐中控水。
2. 黄瓜去皮后切成一口大小的小块，加入少许盐，待黄瓜变柔软后用手揉搓一下，然后快速冲洗并控干水分。火腿切成1cm大小的小块，煮鸡蛋剥去蛋壳后切成大滚刀块。
3. 把步骤1和步骤2中备好的材料放入碗中，加入A搅拌一下即可。（夏梅）

制作技巧

煮通心粉的时间，比包装袋标明时间稍短一些即可，煮得略硬一点。如果冷藏过程中表面变干，可以加一些牛奶。

冷藏可保存
3天

海鲜拌意大利螺丝粉沙拉

材料（4人份）

意大利螺丝粉	250克
海鲜什锦（冷冻）	300克
迷你西红柿	200克
柠檬片	4片
盐	少许

A | 鳀鱼（鱼片） | 10克 |
大蒜	1瓣
香叶	1片
橄榄油	5大勺

B | 洋葱（末） | 1/4个 |
醋	4大勺
盐	2/3小勺
胡椒	少许

做法

1. 意大利螺丝粉放入加有盐的开水中煮，在包装标示煮面时间的前1分钟，把冷冻的海鲜什锦放进去，略翻一下，煮开后捞到滤筐中。
2. 迷你西红柿去蒂，对半切开。
3. 用菜刀拍打一下A中的鳀鱼，大蒜对半切开后去芽捣碎。与A中其余部分一起加入煎锅，小火加热，炒至大蒜颜色变黄。
4. 碗中加入柠檬片、B和步骤3中的材料，再加入步骤1和步骤2中备好的料后搅拌均匀即可。（夏梅）

可以作为佐餐小菜，也可以当作冷意面午餐。

制作技巧

冷藏时汤汁会渗透到容器底部，所以要时不时上下晃动一下容器，才能始终保持美味。

冷藏可保存
3天

粒面沙拉

材料（4人份）

粒面·······················1杯
青椒·······················2个
迷你西红柿（黄色）··········20个
水芹·······················20克
紫甘蓝·····················4片
橄榄（绿、黑）··············各10个

A | 番茄酱 ················8大勺
  | 柠檬汁 ················2大勺
  | 蒜末 ··················1小勺
  | 盐 ···················1小勺
  | 胡椒 ··················少许
  | 橄榄油 ················4大勺

做法

1. 把粒面放入碗中，注入一杯开水稍加搅拌，用铝箔盖起来放置10分钟，待粒面变软。

2. 青椒去蒂去籽后，切成大块。迷你西红柿去蒂，纵切成4等份。水芹和紫甘蓝撕成易于食用的大小。橄榄对半切开，去籽。

3. 把步骤1和步骤2中备好的料放入碗中，加入混合后的A搅拌一下即可。（牛尾）

注：叶类蔬菜可根据自己的喜好选择。如果想让味道与众不同，也可以在调味料中加入辣椒等。

要点

粒面只需用热水泡后就可以吃了。把粒面泡开后，再把所有材料拌进去即可。

制作技巧

粒面，可以吸走沙拉中蔬菜的水分，可避免沙拉变得黏糊糊的，所以经常用来做沙拉。冷藏后粒面很容易变硬，所以需要时不时搅拌一下。

备注

粒面

由杜兰小麦（一种粗质硬粒小麦）制作而成的小颗粒状意面。作为北非料理的素材，在进口食品店和大型超市等都能买到。

紫甘蓝

原产于意大利的生菜的一种。口感比生菜略硬，有淡淡的苦味。加热后会掉色，所以适合生食，可用来做沙拉等。

南瓜奶酪沙拉

用油炸蔬菜和培根提升卖相和味道。

材料（4人份）

南瓜	850克
奶酪	100克
培根	2片
莲藕片（带皮）	1节
洋葱（切丝）	1/2个
A 牛奶	3/5杯
盐	1/3小勺
胡椒	少许
面粉、食用油	各适量

做法

1. 南瓜去子后切成4等份，分别用保鲜膜包起来放在微波炉中加热8分钟，然后翻面继续加热2分钟，用叉子捣碎。
2. 装入容器后趁热加入奶酪搅拌一下，然后加入A搅拌，同时用牛奶调整材料的硬度。
3. 莲藕和洋葱薄薄地裹上一层面粉，放入加热至160℃的油中炸至酥脆。培根用180℃的热油炸20秒左右，然后切成1cm宽的小块。吃之前，放在步骤2盛入容器中的材料上。

制作技巧

南瓜沙拉和上层的食材分开冷藏。上层的食材也可以用开放式烤炉等重新烤脆。

冷藏可保存
4天

土豆沙拉

材料（4人份）

大土豆··············	4~5个
火腿··············	5片
煮鸡蛋（7分熟）···	3个
洋葱（末）········	1/4个
黄瓜（片）········	1根
蛋黄酱··········	150克
盐··············	少许

A	盐··············	1/2小勺
	胡椒··········	少许
	醋··············	2大勺
	色拉油········	1大勺

做法

1. 土豆切成4等份后快速冲洗一下。锅中加入刚好没过土豆的水，开火煮。水开后改小火，盖盖，接着煮到用筷子能轻松扎透的程度后，倒掉锅里的水，晃动锅使土豆散开。然后趁热把土豆捣碎，加入蛋黄酱搅拌均匀。

2. 洋葱和黄瓜放盐腌一小会儿，使其变软，然后快速冲洗一下，用厨房纸巾把洋葱包起来拭去水分，黄瓜挤掉水分。火腿切成1cm的小块。煮鸡蛋剥去蛋壳后切成滚刀块，留一个用来做装饰。

3. 把步骤1和步骤2中备好的料混合起来用A拌好，把装饰用的鸡蛋撒上去，如还有香菜末可撒些。（夏梅）

也可以把香菜末拌进去。

制作技巧

土豆捣成土豆泥，充分吸收水分，趁热用蛋黄酱入味。放入保存容器，待完全晾凉后放入冷藏室。

冷藏可保存
3天

鳕鱼子土豆沙拉

材料（4人份）

大土豆·······················1个（200克）

辣鳕鱼子·······················1个

蛋黄酱·······················2大勺

做法

1. 土豆切成一口能吃下的大小，摆放在耐热器皿中，盖上保鲜膜，放在微波炉中加热4分钟，趁热放入碗中捣碎。

2. 加入去掉薄膜的鳕鱼子和蛋黄酱搅拌均匀即可。（牛尾）

制作技巧

为保持土豆刚出锅时的松软口感和鲜辣味道，应尽量避免水分渗入。水蒸气冷却后也会变成水流下来，所以要等完全凉透后再把保存容器的盖子盖上。

日式芋头沙拉

材料（4人份）

日式芋头（大）……………… 12个

杂鱼……………………………… 30克

冬葱（切葱花）……………… 4根

紫菜（切末）………………… 1/2张

A 酱油 ……………………… 3大勺
　 料酒 ……………………… 2大勺

做法

1. 芋头带皮清洗干净，湿着放入耐热器皿中，松松地盖上一层保鲜膜，放入微波炉中加热4分钟。上下翻面后，再继续加热3~4分钟直至芋头变软，揭掉保鲜膜晾干表面。

2. 用刀在芋头皮上划出豁口，剥下皮后放入碗中，趁热用擀面杖等捣碎。放入杂鱼、冬葱葱花、紫菜末和A搅拌均匀即可。（夏梅）

制作技巧

为保留芋头的甜糯口感，可以提前把它和杂鱼捣碎冷藏起来。冷藏过程中芋头充分吸收了杂鱼的味道，可呈现出与刚做好时截然不同的味道。

冷藏可保存

4天

41

时蔬杂烩

材料（4人份）

西红柿⋯⋯⋯⋯⋯⋯⋯⋯⋯1个
辣椒（黄色）⋯⋯⋯⋯⋯⋯1/2个
大葱⋯⋯⋯⋯⋯⋯⋯⋯⋯⋯1/2根
香菇⋯⋯⋯⋯⋯⋯⋯⋯⋯⋯4个
茄子⋯⋯⋯⋯⋯⋯⋯⋯⋯⋯1个
大蒜（切末）⋯⋯⋯⋯⋯⋯1瓣
香叶⋯⋯⋯⋯⋯⋯⋯⋯⋯⋯1片
A 盐⋯⋯⋯⋯⋯⋯⋯⋯⋯1/2小勺
　 酱油、胡椒⋯⋯⋯⋯⋯各少许
橄榄油⋯⋯⋯⋯⋯⋯⋯⋯⋯1大勺

做法

1. 西红柿横着切成2半，去籽后切成大块。
2. 辣椒和茄子切成大小约1.5cm的块，大葱切成长1.5cm的葱段，香菇去根后竖切成4等份。
3. 锅中放入橄榄油和蒜末后烧热，煸炒出香味后加入步骤2中备好的料翻炒。待所有蔬菜变软后加入西红柿和香叶，盖上锅盖，改成小火，煮10分钟左右，最后加入A搅拌一下即可。（牛尾）

要点

蔬菜全部切成一样大小，可以几乎同时变熟，节省时间和精力。

制作技巧

做好之后立刻吃，或冷藏后再吃，味道都很好，也可以冷冻起来长期保存。保存时放入容器后彻底冷却，保存时要注意避免有汤汁等多余的水分渗出。冷冻可以保存长达1个月的时间。

加热冷藏的食物时，分成1人份放入耐热容器用微波炉加热会比较方便快捷，每次只需1分钟。

柠檬醋腌芜菁牛蒡沙拉

材料（4人份）

芜菁·······················2个
牛蒡·······················80克
柠檬·······················1/6个
A　黄油·······················10克
　　色拉油·····················1小勺
B　盐·······················1/3小勺
　　酱油、黑胡椒粒···············各适量

做法

1. 芜菁去掉叶子，只留2cm左右的茎，然后竖着切成6等份。牛蒡切成5mm厚的滚刀块，用水浸泡一下。柠檬切成5mm厚的半圆形。

2. 煎锅烧热，加入A使黄油融化，加入步骤1的材料，用略小的中火烧2~3分钟，同时不停地翻动。

3. 待牛蒡变透亮，芜菁上焦黄色后，加入已充分混合的B，快速搅拌一下即可。（重信）

制作技巧

用黄油炒制的蔬菜，冷藏后蔬菜表面的黄油容易凝固，吃之前请用微波炉等稍微加热一下。

削皮胡萝卜沙拉

材料（4人份）

胡萝卜	1大根
芹菜	1根
芹菜叶	适量
A 橙汁	3大勺
橄榄油	2大勺
醋	1大勺
盐	1/2小勺
胡椒	适量

做法

1. 胡萝卜用削皮器削成细长的蝴蝶结状（若觉得削成蝴蝶结状太困难，可以斜着切成薄片）。芹菜去筋，同样用削皮器削成细长形状。把芹菜叶撕开。

2. 把A放入碗中搅拌一下，然后加入步骤1的材料搅拌，静置15分钟以上使食材充分入味即可。(重信)

制作技巧

刚做好就吃，可以体验到咀嚼时嘎吱嘎吱的乐趣，随着保存时间变长，口感变得像扁豆面一样柔软，可以品尝到不一样的美味。如果味道变淡可以再添加一些调味料。

冷藏可保存
3天

胡萝卜坚果沙拉

材料（4~5人份）

胡萝卜	200克
核桃（炒熟的）	2大勺（20克）
花生	2大勺（20克）
A ┌ 酒	1大勺
│ 酱油	1/2大勺
│ 料酒	1大勺
└ 砂糖	2小勺
芝麻油	1大勺

做法

1. 胡萝卜切成长5~6cm的细丝，核桃用手掰碎，花生用菜刀拍碎。把A混合起来。
2. 煎锅中放入芝麻油烧热，放入胡萝卜翻炒2~3分钟。胡萝卜变软后改大火，翻炒的同时加入A调味。待汤汁收得差不多时，加入核桃和花生快速翻炒即可。（市濑）

> **制作技巧**
> 即使提前制作出来，因其地道的甜辣口感，存放后味道也毫不逊色。坚果与胡萝卜混合之后，可以多炒一会儿，使坚果也充分入味。

冷藏可保存
5 天

芦笋西蓝花土豆日式沙拉

材料（4人份）

绿芦笋……………… 2束
西蓝花……………… 1个
土豆………………… 1个
干鲣鱼薄片………… 5克
虾…………………… 10克
盐…………………… 少许

A │ 高汤 ………… 5/2勺
　 │ 料酒 ………… 3大勺
　 │ 酱油 ………… 3/2大勺
　 │ 盐 …………… 少许
　 │ 芝麻油 ……… 1大勺

做法

1. 西蓝花掰成小朵，绿芦笋去根后，把下面4cm处的皮薄薄地削去，沿长度切成2半。土豆切成1cm厚的块状，用清水浸泡。
2. 把A和土豆放入锅中煮，小火煮2分钟后关火，自然冷却。
3. 用加有盐的热水焯一下西蓝花，捞起到滤筐中滤干水分。接着焯绿芦笋，过冷水后滤干水分。
4. 把步骤3中的材料加入步骤2的材料中，放置20分钟以上，使味道充分融入，最后放上干鲣鱼薄片和虾即可。（夏梅）

把带有香喷喷的芝麻油风味的汤汁也一起盛起来。

制作技巧

完全冷却后，放入保存容器冷藏。保存的同时，还能起到使味道自然融入的效果。

冷藏可保存
4天

清蒸西蓝花沙拉

材料（4人份）

大西蓝花·····················1个

盐···························少许

A｜醋·······················1大勺

　｜橄榄油····················2大勺

　｜柚子胡椒、盐···············各少许

色拉油·······················1大勺

做法

1. 西蓝花切分成小朵，在水中浸泡3分钟后滤干水分。把A混合起来。

2. 煎锅中放入色拉油烧热，放入西蓝花翻炒，加入盐和3大勺水后盖上锅盖。

3. 煮制1分半钟后滤干水分，盛入容器后放入A拌匀即可。（今泉）

制作技巧

西蓝花不要过度加热，蒸到仍有一定嚼劲的程度，然后彻底冷却并放入容器冷藏。焯得轻一点，即使存放得久一点，西蓝花也不会松散。

菜花橄榄菜西式沙拉

材料（4人份）

菜花……………………400克
黑橄榄……………………10个
蛋黄酱……………………2大勺
醋……………………1大勺
盐、胡椒……………………各少许

做法

1. 黑橄榄切成碎末，与蛋黄酱混合均匀。
2. 锅中烧开水，加入醋和水量1%的盐（分量外），加入分成小朵的菜花焯一下，捞到滤筐中晾凉。
3. 待菜花晾凉后，用步骤1中的材料拌一下，然后加入盐和胡椒调味即可。（浜内）

制作技巧

为避免把加入了橄榄菜的蛋黄酱的味道冲淡，拌之前要把菜花的水分彻底滤干。菜花在加盐的水中焯后自然冷却，可避免在冷藏后浸出水。

要点

切成碎末的橄榄菜的盐分和味道是这道菜的关键所在。以蛋黄酱为底味的调味料，赋予淡泊的菜花丰富的味道，保存后依然不减美味。

冷藏可保存
3天

49

油炸茄子沙拉

材料（4人份）

茄子…………… 12个
毛豆…………… 100克
大葱…………… 2/3根
豆瓣酱………… 2/3小勺
A 大蒜（末）… 2个
　 生姜（末）… 2小块
B 酒…………… 2大勺
　 砂糖………… 2小勺
　 酱油………… 3大勺
食用油………… 适量
色拉油………… 1大勺

做法

1. 毛豆焯熟后去荚，将8cm长的大葱切成葱丝，剩下的部分切成葱花，与A混合起来。
2. 茄子去蒂后用削皮刀削皮，竖着切成6等份。把食用油加热至190℃，茄子拭去水分后入油锅炸，时不时搅拌一下，待茄子炸至稍微变色后捞出。
3. 在煎锅中放入色拉油，放入加有大葱的A翻炒，炒出香味后加入豆瓣酱略加翻炒。加入B煮开，然后放入茄子和毛豆，快速搅拌一下。盛入容器，用切成细丝的大葱做装饰即可。（藤井）

凉拌茄皮

用削皮刀把茄子皮削掉后，将茄子皮略焯一下，用酱油、醋凉拌，也是一道好菜。因为容易变色，所以要尽快吃掉。

制作技巧

甜辣汁与香味蔬菜的味道，冷藏后进一步融入到茄子中，味道非常好。放入保存容器时，放上一些大葱葱丝会更加入味。

油焖茄子沙拉

材料（容易制作的分量）

茄子	············	4个（300克）
香叶	············	4~5片
A	醋	1/2杯
	白酒	1/4杯
	蜂蜜	20克
	粗盐	1小勺（6克）
	黑胡椒粒	5粒
橄榄油	············	2大勺

做法

1. 茄子去蒂后切成一口大小的滚刀块。
2. 把A放入煎锅中加热，煮开后放入茄子快速搅拌一下，盖上锅盖。用小火焖1分钟左右，掀开锅盖改成大火收汁，同时不停地翻动。收到汤汁黏在茄子上的程度后关火，撒上撕碎的香叶。
3. 冷却后放入保存容器，淋上橄榄油，放在冷藏室冷却30分钟以上即可。（石泽）

制作技巧

保存时，请准备干净的容器，最后不用淋橄榄油。如果实在找不到香叶不放也可以，不影响整体的味道。

冷藏可保存
4天

芝麻拌菠菜沙拉

材料（4人份）

菠菜…………2把（400克）

A ｜ 黑芝麻 … 4大勺
　 ｜ 味噌 …… 4/3大勺
　 ｜ 砂糖 …… 2小勺

做法

1. 把A混合起来。
2. 锅中水烧开，加入水量1%的盐（分量外），快速焯一下菠菜。
3. 菠菜捞起过冷水，然后彻底控干水分。切成大段，用A搅拌均匀即可。（滨内）

要点

热水的用量为每把菠菜2杯水。水少一点照样可以焯得美味，节省时间和水资源。2把的量水加倍即可。

应彻底控干水分。如果水分控得不彻底，会冲淡整体味道，且不适合保存。

冷藏可保存
2~3 天

油蒸小白菜沙拉

材料（4人份）

小白菜·······························3棵
大蒜·······························1瓣
红辣椒圈·························1小把
盐·······························2/3小勺
胡椒·······························少许
橄榄油（或芝麻油）·············1大勺

做法

1. 小白菜切成3cm长的小段，大蒜切成薄片。
2. 把步骤1中备好的料和红辣椒放入厚底锅中，加入盐和胡椒，淋上橄榄油，盖上锅盖，蒸煮3分钟即可。（牛尾）

制作技巧
用盐和胡椒调味的叶类蔬菜，放久了会出水，所以在装入保存容器前要充分冷却，并彻底挤出水分。

冷藏可保存
1周

刀拍牛蒡沙拉

材料（4人份）

牛蒡·················· 2根
　　　　　　　　（200克）
花生·················· 60克
A ｜白芝麻 ········ 4大勺
　｜砂糖、酱油··· 各2大勺
　｜醋 ··············· 4大勺

制作技巧

通过把牛蒡的纤维拍散，使牛蒡更容易入味，冷藏过程中还可以更加入味。做出来就吃不错，放久了味道更浓厚。

做法

1. 牛蒡不必去皮，用卷起来的铝箔纸刮掉上面的污物，用啤酒瓶底等把它拍散，切成长10cm左右的长段。
2. 花生大致拍几下放入碗中，加入A搅拌均匀。
3. 锅中加入4杯水，加入牛蒡和少许醋（分量外）煮。水开后继续煮5分钟左右，然后滤干水分，趁热拌入步骤2中的材料里即可。（浜内）

要点

牛蒡用较硬的瓶底等拍散，使纤维变软，便于快速入味。

煮牛蒡时，不必提前去涩味，直接放入醋水中，煮5分钟即可。煮的时候加入醋，还能使煮出来的牛蒡保持白净。硬度请自行把握。

冷藏可保存
1周

金平牛蒡沙拉

材料（4人份）

牛蒡	…………………………	2根（200克）
炸胡萝卜鱼肉饼	………………	2个
香菇	…………………………	4个
胡萝卜	………………………	1/2小根
红辣椒	………………………	2个
A　酱油	…………………	1大勺
砂糖	…………………	2小勺
芝麻油	………………………	2大勺
炒白芝麻	……………………	少许

做法

1. 牛蒡不必去皮，用卷起来的铝箔纸刮掉上面的污物，切成5cm长的细长段。用清水浸泡一下立刻捞出来，滤干水分。红辣椒去籽后切成一口大小的块状。

2. 把炸胡萝卜鱼肉饼和香菇切成长度与牛蒡一致的薄片，胡萝卜切成细丝。

3. 煎锅中放入芝麻油和牛蒡翻炒，油热后放入步骤2中备好的料一起翻炒。全部炒熟后加入A和红辣椒调味，盛入容器中，撒上芝麻即可。（浜内）

制作技巧

如果准备保存起来，可以把味道做得浓一点。为便于存放，炒的时候要充分炒熟，这一点是关键所在。

冷藏可保存
5天

冷藏可保存
5天

咸梅汁浇煮大葱

材料（4人份）

葱白	3根
梅干	2个
盐	少许

A	高汤（或水）	1大勺
	醋	1/2大勺
	胡椒	适量
	色拉油	2大勺

做法

1. 大葱切成4cm长的段。梅干去核后用菜刀轻轻拍一下。

2. 锅中放入大葱、盐、半杯水后加热，煮开后转小火，盖上锅盖，蒸煮3~4分钟后盛入容器，然后自然冷却。

3. 把梅干肉和A放入碗中，混合起来制作成调味汁，浇在步骤2的材料上即可。（大庭）

制作技巧

大葱煮后甜度会增强，与清爽的梅汁是完美搭配。冷藏后味道会有所变淡，所以如果准备保存起来，煮的时候要多加些盐，使甜味更加突出。

56

梅汁甜藕

材料（4~5人份）

莲藕 ·············· 2小节（200克）

梅干 ·············· 2个

A | 砂糖 ·············· 4大勺
  | 醋 ·············· 1/3杯
  | 盐 ·············· 1/4小勺
  | 水 ·············· 1杯

做法

1. 莲藕切成厚7~8mm的藕片，梅干去核后用菜刀轻轻拍一下。

2. 把A放入锅中加热，煮开后搅拌一下，放入盐和砂糖化开。

3. 加入莲藕片煮2分30秒钟，然后加入梅干略加搅拌即可。（市濑）

制作技巧

充分冷却后，连汁一起放入保存容器中冷藏。若希望保存后依然保持脆爽的口感，请注意不要煮得太久。

冷藏可保存
5天

最简单的沙拉保存规则

沙拉如多做出来一些，可把其中一半保存起来……下面向大家介绍这种情况下保存的要点。掌握了这些要点，既能保证卫生，又能令味道不逊色，长时间保持新鲜度。

用筷子或勺子分开

把菜放入保存容器时，请使用干净的筷子或勺子。禁止用手直接接触。做菜工具或厨房毛巾等上面也有细菌，所以一定要用洗净晾干的筷子或勺子来分，每次用过后都要记得用厨房纸巾擦拭。

在标签上注明内容和日期

放入保存容器后，要注明菜名和制作日期。这样一来，既能把握这道菜能存放多长时间，又能不开盖就一眼看出其中的内容。尤其是冷冻的情况下，菜上很容易结一层白白的冻霜，导致看不清楚到底是什么菜。还可以缩短打开冷藏室和冷冻室门的时间。选用容易撕掉的标签会比较方便。

保存容器消毒

冷藏、冷冻保存中最需要注意的一点是保存容器的清洁度。保存容器用有消毒作用的洗涤剂清洗，如果是耐热容器，最好是煮沸消毒或用开水冲洗消毒。可以用厨房纸巾把水分擦干，或倒放在干净的毛巾上让其自然干燥。如果不是耐热容器，用洗涤剂清洗后用稍烫的热水冲洗即可。也可以用消毒用的酒精擦拭，也是一个好办法。

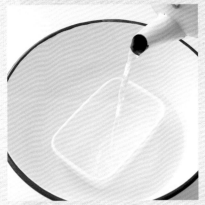

彻底晾凉后再保存

保存时把食物完全晾凉后再放进冷藏室或冷冻室，这一点是基本原则。如果没凉透就放进冷藏室或冷冻室，会影响到其他的食材。而且，如果在仍有余热时盖上盖子，食物迟迟无法凉透，保存容器内部或盖子上会出现水滴，非常不卫生。把保存容器放在架子等上面很容易晾凉。很着急的情况下也可以用制冷剂。

土豆沙拉 7/24

第2章

冷藏后味道更佳的沙拉

只需放入冷藏室这么简单的一个步骤，味道会随着时间的推移充分渗透，冷藏后越来越好吃的沙拉。
尽管制作时间很短，但保存的时间里味道被充分吸收，既轻松又美味的两全其美菜谱。

凉拌卷心菜丝沙拉

菜丝柔软，味道充分融入后食用
效果最佳。

材料（容易制作的分量）

卷心菜……………… 1/2个
　　　　　　（略少于500克）
玉米粒罐头……… 1/2小罐
　　　　　　　　（65克）
盐………………… 少许
A　蛋黄酱 ……… 5大勺
　　醋 ………… 3/2大勺
　　砂糖 ……… 1/2大勺
　　盐 ………… 1/4 小勺
　　胡椒 ……… 少许
香菜末………… 少许

做法

1. 卷心菜竖着切成2半，去芯后切成 7~8mm大小的块，撒上盐后静置 20分钟左右。
2. 用手轻轻按压使盐分渗透进去， 然后放入滤筐冲洗掉多余的盐分， 分成几份分别用毛巾包起来挤掉 水分。罐头倒去罐头汁。
3. 用混合后的A搅拌一下，撒上香 菜末即可。（夏梅）

制作技巧

尽量全部挤掉卷心菜中 的水分是最重要的一点。 若想长期保存，可以时 不时搅拌一下，如发现 有水分渗出则立刻倒掉。

冷藏可保存
4天

凉拌胡萝卜丝沙拉

材料（4人份）

胡萝卜	4根（600克）
盐	适量
芥末粒	2小勺
醋	2大勺
胡椒	少许
橄榄油	2大勺

做法

1. 胡萝卜切成长度适当的细丝，放入碗中撒上1小勺食盐，揉搓后放一会儿。待胡萝卜丝变软后，彻底控干水分。
2. 按顺序先后加入芥末粒、橄榄油、醋、少许盐和胡椒，充分搅拌后盛入容器，如有意大利香菜可作为装饰用。（浜内）

要点

胡萝卜丝撒上盐揉搓后，先控干多余的水分，利于短时间内入味。

制作技巧

保存时间越久越入味。为避免胡萝卜在保存过程中渗出多余的水分，制作时一定要彻底控干水分。

冷藏可保存
1周

西红柿干拌油煎茄子沙拉

材料（4人份）

西红柿干………… 40克

茄子…………… 4个

大蒜（切末）…… 1个

香菜末………… 适量

柠檬汁………… 4大勺

盐…………… 1/2小勺

胡椒………… 少许

橄榄油………… 4大勺

做法

1. 西红柿干用温水浸泡10分钟左右后捞出，控干水分。较大的西红柿干切成2半。茄子切成厚5mm的圆片。

2. 煎锅中放入2大勺橄榄油烧热，放入茄子煎至上色后再加入剩下的橄榄油，按顺序依次放入蒜末和西红柿干，翻炒均匀。

3. 加入盐和胡椒调味，转移到碗中，撒上柠檬汁。大致搅拌一下后静置片刻，入味后盛在容器中，撒上香菜末即可。（牛尾）

要点

泡西红柿干时，把温水一点一点地倒进碗中，放置10分钟左右取出来。浓缩后的西红柿酸甜可口，香味浓郁。

制作技巧

使橄榄油和柠檬汁分布在每一块食材上，使食材充分入味。西红柿可以吸收掉茄子中渗出的水分，同时西红柿的甜味会变得更加丰富。

冷藏可保存
5天

甜汁迷你西红柿沙拉

材料（4人份）

迷你西红柿 ················· 1包（15~18个）

A 醋 ······················ 2小勺

特级初榨橄榄油 ······· 2小勺

蜂蜜 ···················· 2/3~1小勺

盐 ······················ 少许

做法

1. 迷你西红柿去蒂，在皮上浅浅地划出小口。
2. 锅中烧水，水开后放入步骤1中备好的料，5~6秒后捞出来，放入盛有充足清水的碗中去皮。
3. 把西红柿捞起放入另一个碗中，加入混合后的A搅拌后静置片刻，使其入味。（植松）

制作技巧

先在迷你西红柿上划出小口，然后用开水烫一下，可以轻松揭掉皮，非常简单。烫后去皮处理，可以使西红柿更容易入味。

冷藏可保存

2~3 天

冷藏可保存
5天

腌渍蘑菇沙拉

材料（容易制作的量·做好后约700克的量）
平菇、杏鲍菇、口蘑、
灰树花·······················各1包
香菇、金针菇··············各1袋
洋葱··························1个（250克）
大蒜末·······················1/2小勺
A │ 白酒醋·····················1/4杯
  │ 盐·························1/2大勺
  │ 胡椒·······················适量
橄榄油·······················4大勺

做法

1. 蘑菇全部去根。香菇和平菇切成纵向4等份，杏鲍菇横向切成2半，然后再切成纵向4~6等份。口蘑和灰树花撕成小束，金针菇切成2半后撕成小束。洋葱竖着切成细丝。

2. 蘑菇分3次炒。先在煎锅中放入1大勺橄榄油烧热，放入蘑菇总量的1/3，摊开，略煎片刻。煎至上色后晃动煎锅，把水分抖出来，炒出香味后全部盛出来。剩下的部分用同样的方法炒好。

3. 把剩下的橄榄油和蒜末一起放入煎锅加热，洋葱丝摊开，略煎片刻至上色——炒的时候不时晃动煎锅，使食材全部上色。把步骤2中的材料放回锅里，加入A搅拌一下即可。（川上）

制作技巧

放入保存容器，完全晾凉后盖上盖子冷藏。时不时上下翻动几下，使味道充分吸收。

衍生 用腌渍蘑菇沙拉可以做一款经典

意式沙拉

材料（2人份）
腌渍蘑菇沙拉 ·················100克
煮鸡蛋、生火腿、生菜、西红柿、
菊苣··························各适量
A │ 特级初榨橄榄油、柠檬汁 ······各适量
  │ 盐、胡椒 ·····················各少许

做法

1. 根据腌渍蘑菇沙拉的实际味道，加入A搅拌均匀。

2. 连蔬菜一起盛到容器中，添上煮鸡蛋和生火腿。
注：蔬菜和最后添加的生火腿等，可根据自己的喜好随意调整。

5种凉拌青菜

凉拌萝卜丝

凉拌水芹

凉拌口蘑

凉拌黄豆芽

凉拌牛蒡

冷藏可保存
2~3天

凉拌水芹

材料（容易制作的分量·2人份）
水芹 50克
A（酱油 1小勺，砂糖、胡椒各少许，芝麻油1/4小勺，大蒜末少许，葱末适量）
炒白芝麻少许

做法
水芹快速焯一下，然后过冷水，冷却后控干水分。切成长4cm的段，用A搅拌一下，撒上芝麻即可。

凉拌萝卜丝

材料（容易制作的分量·2人份）
萝卜200克，盐1/2小勺
A（砂糖少许，醋、辣椒粉各2小勺，大蒜末少许，葱末适量）
炒白芝麻少许

做法
萝卜切成适当长度的细丝，撒上盐后揉搓出水。变软后挤掉水分，用A搅拌一下，撒上芝麻即可。

凉拌黄豆芽

材料（容易制作的分量·2人份）
黄豆芽 100克
A(盐、胡椒、砂糖各少许，芝麻油1/4小勺，大蒜末少许，葱末适量）
炒白芝麻少许

做法
黄豆芽去须根，焯3~4分钟后捞起到滤筐。晾凉后用A拌一下，撒上白芝麻即可。

> **制作技巧**
> 无论哪一种凉拌菜，都要先用盐揉搓或焯一下，彻底控去蔬菜中的水分后，再用凉拌汁拌。如果准备保存起来，需要格外注意控干水分。

凉拌口蘑

材料（容易制作的分量·2人份）
口蘑 1包
A（盐、胡椒、砂糖各少许，芝麻油1/2小勺，大蒜末少许，葱末适量）
炒白芝麻少许

做法
口蘑切掉根后撕成小束，快速焯一下捞到滤筐控水。晾凉后用A搅拌，撒上芝麻即可。

凉拌牛蒡

材料（容易制作的分量·2人份）
牛蒡1/2根（50克）
A（盐、胡椒、砂糖各少许，芝麻油1/2小勺，大蒜末少许，葱末适量）
炒白芝麻少许

做法
牛蒡根据锅的大小切成适当的长度，放入锅中加水煮10~12分钟。捞到滤筐中晾凉，用擀面杖等把牛蒡敲散。切成长4cm的小段，并用手撕开，用A搅拌一下，最后撒上芝麻即可。（以上均为检见崎）

泡菜沙拉

材料（容易制作的分量）

卷心菜………… 1个

盐…………… 少许

柠檬………… 1/2个

A 胡椒粒（白、黑）

………… 共1/2 小勺

盐 ………… 1小勺

小茴香 ……… 1/3小勺

香叶 ………… 2片

红辣椒 ……… 1根

水 ………… 2/3杯

做法

1. 卷心菜竖着切成2半，去芯后切成1.5cm宽的大块。放入碗中，撒上盐静置20分钟，用手轻轻按压出水后，用水冲洗一下，盛在滤筐中控水。用毛巾把卷心菜包起来，挤去水分，放回到碗里。

2. 柠檬去皮，与A一起放入锅中煮，煮开后关火令其自然冷却，加入步骤1的材料中。

3. 用大石头压好，腌半天以上即可。（夏梅）
注：如果没有大石头，可以放入保鲜袋中，排掉空气后扎紧口袋来腌。

制作技巧

连汁放入保存容器冷藏。也可以放入大的带拉链的保鲜袋中保存。这种情况下，一定要排空多余的空气，拉紧拉链。

醋拌萝卜丝

材料（4人份）

白萝卜·····················600克
胡萝卜·····················80克
红辣椒·····················2根
盐·························5/2小勺
甜醋*·····················130~140ml

*甜醋（容易制作的分量），用3杯醋，半杯砂糖
（55克),2小勺盐混合而成（常温下可保存1个月）。

做法

1. 白萝卜和胡萝卜切成细丝，白萝卜丝撒2小勺盐，胡萝卜丝撒半小勺盐。分别放置10分钟待其渗出水分，把白萝卜丝和胡萝卜丝放在一起，挤掉水分。
2. 红辣椒去蒂去籽，放入保存容器后加入萝卜丝。
3. 加入甜醋拌匀，用盖子盖严，至少腌一晚上。（石泽）
   注：也可根据自己的喜好加入梅干一起腌制。

要点

如果蔬菜中有残余的水分，会影响整体味道，所以一定要彻底滤干水分。用食盐把蔬菜中的水腌出来，同时也有利于提高口感。

制作技巧

保存时推荐使用带密封盖的瓶子保存。瓶子倒放起来，即使放少量的甜醋，也可以使食材充分入味。

冷藏可保存
1个月

油炸焗蔬菜

材料（4人份）

南瓜、莲藕	各100克
胡萝卜	1/3根
洋葱	1/4个
A 高汤	1杯
酱油、料酒	各3/2小勺
酒	1大勺
盐	少许
生姜汁	1/2小勺
红辣椒	1个
食用油	适量

做法

1. 南瓜、莲藕、胡萝卜切成1cm厚、一口大小的块状，洋葱切成同样大小的大块。
2. 把A放入锅中煮开，转移到保存容器中。
3. 食用油加热至170℃，按照步骤1中材料的先后顺序放进去炸，捞起后快速控一下油，然后趁热放入步骤2的容器中。
4. 完全晾凉后盖上盖子，放入冷藏室令其充分入味即可。（牛尾）

要点

蔬菜炸好后立刻放入腌泡汁中。先用漏勺等把油滤干，趁热放入腌泡汁中有利于快速入味。

制作技巧

通过在腌泡汁中加入生姜汁和辣椒，起到突出味道的作用，也更利于保存。冷藏保存时，要时不时上下翻动，使腌泡汁均匀密布于所有食材上。

冷藏可保存
1周

腌渍牛排烤茄子沙拉

材料（4人份）

牛肉（煎牛排用）················	2块
茄子··························	6个
芹菜段························	12cm
芹菜叶························	少许
盐、胡椒······················	各适量

A	淡味酱油、柠檬汁·········	各2大勺
	大蒜末···············	1/2小勺
	胡椒·················	少许

| 柠檬·························· | 适量 |

制作技巧

盛入保存容器放进冰箱冷藏。牛肉的脂肪部分容易凝固，所以推荐用牛腿肉片或鱼片代替。

做法

1. 牛肉用盐和胡椒腌一下。煎锅中不放油，用偏大的中火加热，烧热后放入牛肉开始煎。煎至表面上色后翻一下面，根据自己的喜好掌握牛肉熟的程度，煎好后晾凉，切成5mm粗的大条状。

2. 把茄子放在加热后的烧烤网（或烧烤架）上，烤至表皮整体变焦。然后放入冷水中冷却一下，去蒂去皮，沿长度切成2半后再对切成4等份。芹菜去筋后斜刀切成薄片，芹菜叶切成细丝。

3. 把A放入碗中，依次加入步骤1中的原料、茄子、芹菜搅拌。吃之前撒上芹菜叶作为装饰，再加一片柠檬即可。（濑尾）

冷藏可保存
2~3天

冷藏可保存
1 周

腌渍烤芦笋

材料（4人份）

绿芦笋……………… 8根

腌泡汁（开袋即用型）

……………………… 1/2杯

红辣椒…………… 1根

切成易于食用的长度盛在容器中。

做法

1. 芦笋去筋去叶鞘，结合保存容器的大小切成适当的长度，放在烤架（或开放式电烤炉）上烤至整体上色。

2. 趁热放入保存容器，注入腌泡汁，加入红辣椒。

3. 晾凉后盖上盖子，放入冷藏室使其充分入味。（牛尾）

制作技巧

冷藏过程中时不时上下翻动一下，使腌泡汁均匀分布在所有食材上，保证味道均匀。

烤杏鲍菇双椒沙拉

材料（4人份）

杏鲍菇·······················2包（200克）

辣椒（红色、绿色）···············各4个

A | 高汤 ·····················6大勺

 | 酱油、醋 ·················各1大勺

 | 橄榄油 ····················1/2小勺

做法

1. 把杏鲍菇撕成易于食用的大小，辣椒去蒂去籽后切成宽约3cm的小块。
2. 把步骤1中备好的料放在加热后的烧烤网（或开放式电烤炉）上烤至焦黄。
3. 把A放入碗中，将步骤2中的料搅拌一下，腌5~6分钟，同时不停搅拌即可。（池上）

制作技巧

杏鲍菇和辣椒都要烤得透一些，这样即使放久了，也依然保持香味，与高汤搭配出绝妙的味道。

冷藏可保存
5天

73

辣味薄荷西葫芦沙拉

材料（4人份）

西葫芦…………… 1个
辣椒（黄色、红色）
………………… 各1个
盐………………… 少许
A ┃ 白酒醋、橄榄油
　┃ ………………… 各4大勺
　┃ 盐 ……………… 1小勺
　┃ 胡椒 …………… 少许
　┃ 薄荷叶 ………… 40片
橄榄油…………… 少许

做法

1. 西葫芦切掉两头，沿长度切成2~3等份，然后竖着切成2~3mm厚的小块，淋上橄榄油。
2. 锅中烧开水，加入盐，把步骤1放进去快速焯一下，然后捞到滤筐中控水。
3. 辣椒去蒂去籽，放在加热后的烤架上，烤至表面变焦。用铝箔包起来放锅里蒸，晾凉后剥去表皮，切成5mm宽的小块。
4. 把步骤2和步骤3中的料放入盘子里，淋上经过充分混合的A，放入冰箱冷藏30分钟以上，令其充分入味即可。（牛尾）

要点

辣椒一定要烤至焦黑，然后迅速用铝箔包起来蒸，稍微晾凉以后剥去外皮。

制作技巧

如果西葫芦烤得过于熟，果肉容易散开。准备保存起来的情况下，焯得轻一点，使其用腌泡汁腌过之后，依然能保持一点嚼头，这是这道菜的关键所在。

冷藏可保存
4天

咖喱辣椒沙拉

材料（容易制作的分量·6人份）

辣椒（红色）··························2个

A │ 柠檬汁 ·························1大勺

　　咖喱粉、盐 ··············各1/2小勺

　　胡椒 ··························少许

　　橄榄油 ·······················2大勺

做法

1. 把辣椒切成4等份，去蒂去籽，放在烤架上烤至变焦，剥去薄皮后切成1cm宽的小块。

2. 放入碗中，加入A，充分搅拌之后静置一会儿，令其入味即可。（牛尾）

制作技巧

剥掉薄皮后的辣椒，泡得时间越长越有味。用柠檬的酸味和咖喱的风味把辣椒的甜味突出出来。把辣椒放在腌泡汁里浸泡效果最好。

冷藏可保存
1周

冷藏可保存
1周

红紫苏土豆沙拉

材料（4人份）

大土豆 ···································· 1个（200克）

A | 红紫苏粉 ···························· 2小勺
  | 色拉油 ······························ 1大勺
  | 盐 ································· 少许

做法

1. 土豆切成7~8mm宽的土豆条，用热水焯1分钟左右后捞到滤筐中，滤干水分，自然冷却。
2. 把A放入碗中搅拌一下，加入步骤1中的材料搅拌均匀即可。（牛尾）

可以作为一道小菜，也可以搭配便当吃。

制作技巧

水焯后直接把土豆条摊开在滤筐中，一边晾凉，一边滤干多余的水分，关键在于一定要完全把水分滤干。

胡椒土豆沙拉

材料（4人份）

土豆·······················4个

A 胡椒 ·····················2大勺

砂糖、酱油、芝麻油 ·········各2小勺

炒熟的白芝麻 ·············1小勺

做法

1.土豆切成1cm左右的条。把A混合起来。

2.在耐热器皿中铺上厨房纸巾，把土豆放上面，然后盖上一层保鲜膜，用微波炉加热6分钟。

3.趁热用A拌一下，撒上芝麻即可。（牛尾）

制作技巧

土豆中多余的水分被微波炉蒸出来，然后被厨房纸巾吸走。这样既能促进土豆充分入味，又利于长期保存。

冷藏可保存
4天

中式油浸蘑菇榨菜沙拉

材料（4~5人份）

口蘑·····························2包（200克）

金针菇···························1袋（100克）

榨菜（有味道的）·················50克

A | 酱油·························1小勺

　　色拉油、芝麻油··············各3大勺

　　黑胡椒粒·····················少许

　　盐···························1/2小勺

做法

1. 口蘑去根后分成小朵。金针菇去根后撕成小束。榨菜切成细丝。

2. 锅中烧开水，把口蘑和金针菇快速焯一下，捞到滤筐中滤干水分。

3. 把A放入碗中混合起来，把步骤2中的材料和榨菜放进去腌10分钟以上。吃之前可根据自己的喜好撒上黑胡椒粒即可。（市濑）

制作技巧

蘑菇焯水后彻底控干水分，用调味汁拌一下。完全冷却后放入保存容器，放冰箱冷藏。

简单朝鲜式蘑菇卷心菜泡菜

材料（4人份）

金针菇…………… 1/2袋
卷心菜…………… 100克
虾……………… 5克
盐……………… 1小勺
醋……………… 2小勺
A | 大蒜末、生姜末
 …………… 各少许
 砂糖、炒熟的白芝麻
 …………… 各2小勺
 辣椒粉 ……… 1小勺

做法

1. 金针菇去根后撕成小束，用热水焯一下捞到滤筐中，滤干水分。卷心菜撕成易于食用的大小。
2. 碗中放入步骤1备好的料、盐和醋，洒入少许水，用盘子等代替腌菜用的石头压一会儿，把水分轻轻挤出来。
3. 加入虾和A，用手揉搓使其充分入味即可。（候）

要点

用腌菜石压过的卷心菜和金针菇，轻轻挤出其中的水分，至稍微留一点湿度的程度。用手把调味料揉搓到蔬菜上，多揉几遍使其充分入味。

制作技巧

放入保存容器冷藏。吃之前把不带汁的蔬菜盛出来吃即可。

冷藏可保存
4天

叠腌卷心菜熏鲑鱼

材料（容易制作的分量）

卷心菜·······················300克
熏鲑鱼························60克
胡萝卜························1/2根
绿紫苏························1把
柠檬片························1/2个
盐···························2小勺

制作技巧

把卷心菜铺在四角容器底上，四个角都铺到，然后在上面叠放一层层的材料，形成漂亮的分层。可以在吃之前切开，也可以切开后再放入保存容器。

做法

1. 卷心菜去芯，切成4~6等份。胡萝卜用削皮刀削成宽蝴蝶结状。

2. 放入耐热的塑料袋，多抹上几层盐，用微波炉加热50秒钟。上下翻面后再加热20~50秒钟，然后令其自然冷却。

3. 把1/3的卷心菜铺在四角容器底上，然后按顺序依次放上一半的胡萝卜，一半的绿紫苏，一半的熏鲑鱼，一半的柠檬。然后再重复以上的步骤，最后把剩下的卷心菜放上去。

4. 盖上保鲜膜，用盘子代替腌菜石压上去，放置1小时以上，直至充分入味，吃之前切成易于食用的大小即可。（重信）

醋拌海蜇黄瓜

材料（4人份）

黄瓜····························· 2根
盐腌海蜇························· 60克
A｜醋···························· 2大勺
　｜砂糖、酱油 ··············· 各2小勺
　｜豆瓣酱 ····················· 1小勺

做法

1. 海蜇用清水冲掉盐分，放入充足的清水中浸泡半天，待其变软。
2. 黄瓜先切成斜薄片，然后略微错开叠放，切成细丝。
3. 滤干海蜇上的水分，切成易于食用的长度。与黄瓜丝一起放入碗里，加入经过混合的A搅拌一下即可。（清水）

制作技巧

冲洗掉盐分的海蜇，用加了醋的辣味调料汁拌一下，保存后会越来越入味。黄瓜容易出水，所以保存时要用盐把水分揉出来倒掉。

冷藏可保存
3~4天

冷藏可保存
3 天

芥末拌迷你西红柿熏鲑鱼沙拉

材料（4人份）

熏鲑鱼············	200克
迷你西红柿········	200克
洋葱·············	2个
柠檬·············	1/2个
盐··············	少许

A	芥末粒········	3/2大勺
	醋···········	2大勺
	盐···········	2/3小勺
	胡椒·········	少许
	橄榄油·······	3大勺

做法

1. 洋葱竖着切成2半，横着切成细丝，撒上盐。放10分钟后搅拌几下，然后快速冲洗一下，控干水分。
2. 柠檬切成4等份，然后切成薄片。迷你西红柿洗净后控水。
3. 碗中放入A，加入步骤1和步骤2中备好的料搅拌，把熏鲑鱼撕成易于食用的大小后加上去即可。（夏梅）

满满的洋葱，适合用来做下酒菜。

制作技巧

放入保存容器冷藏保存。迷你西红柿不切开，直接腌不容易出水，也更利于保存。满满的洋葱，使味道越来越浓郁。

沙拉酱拌鲑鱼

材料（4人份）

甜咸味鲑鱼·······························4片
西红柿·······································1个
洋葱······································1/2个
青椒·······································2个
白酒······································2小勺
A 柠檬汁 ·······························4大勺
　　朝天椒、蜂蜜 ··················各1小勺
　　盐 ·····································少许

做法

1. 鲑鱼切成2~3等份，洒上白酒后放5分钟。
2. 西红柿去蒂，青椒去蒂去籽，与洋葱一起切成碎末，与A混合起来。
3. 用厨房纸巾拭去鲑鱼上的水分，用加热后的烤架等把鲑鱼烤7~8分钟，至两面焦黄。趁热加入步骤2的材料中，待稍微晾凉后放入冷藏室30分钟以上，令其充分入味。连汁一起盛入容器。（藤井）

制作技巧

沙拉酱保存后容易被蔬菜中的水分冲淡味道，所以可以多放一些朝天椒。如想长期保存，也可以把鲑鱼的皮去掉。

冷藏可保存
2天

冷藏可保存
3天

橄榄拌鱿鱼莲藕沙拉

材料（4人份）

小鱿鱼	4条
莲藕	200克
黑橄榄	12个

A │ 大蒜（切片）·················· 1个
  │ 柠檬片 ····················· 16片
  │ 柠檬汁 ····················· 2大勺
  │ 橄榄油 ····················· 4大勺
  │ 盐 ························· 1/2小勺
  │ 胡椒 ······················· 少许

做法

1. 鱿鱼去肠去皮。躯干部分切成7~8mm宽的环形，鳍和脚切成易于食用的大小。莲藕切成薄片。把A放入碗中混合均匀，做成沙拉调味汁。

2. 锅中烧开水，莲藕放进去快速焯一下捞到滤筐中。待锅中的水再次煮开后放入鱿鱼，煮开后捞到滤筐中。

3. 把鱿鱼和莲藕趁热放入调味汁中，整体入味后加入橄榄油略加搅拌即可。（检见崎）

要点

如果鱿鱼焯得过熟，肉质会变硬，煮开后立刻捞出来，然后趁热放入调味汁。

制作技巧

如果放入保鲜袋，即使调味汁比较少，也能均匀遍布到所有食材上，所以值得推荐。如果用容器保存，需要时不时上下翻动一下。

衍生
鱿鱼莲藕日式沙拉

材料（4人份）

小鱿鱼	4小条
莲藕	200克

A（鱼露2大勺，柠檬汁4大勺，砂糖1大勺，大蒜末适量，红辣椒圈少许）

做法

1. 鱿鱼不用去皮，去肠后把躯干部分切成1.5cm宽的环形，脚部切成易于食用的大小。莲藕先竖着切成2半，然后切成2~3cm长的段，再接着切成滚刀块。

2. 把A混合起来做成调味汁，将步骤1中的料焯一下与调味汁拌一下，如有香菜也可撒少许香菜。

橙汁拌海带萝卜干沙拉

材料（4人份）

海带块…………… 20克
萝卜干…………… 40克
蟹味鱼糕………… 8个
荞麦芽*………… 2包
A│橙汁酱油…… 6大勺
　│色拉油……… 3大勺

*如没有荞麦芽，也可以用芜菁等叶菜代替。

做法

1. 把海带和萝卜干分别洗净后，用水浸泡起来。泡软后，滤干水分切成5cm长的段。
2. 荞麦芽去根。蟹味鱼糕掰碎。
3. 把步骤1和步骤2中的材料放入碗中，用A拌一下即可。（牛尾）

备注

荞麦芽

荞麦的新芽不仅营养丰富，而且口感非常好。其茎是红色的，还可以用来改善整道菜的卖相。适合做沙拉、拌菜、汤菜等。

制作技巧

由于荞麦芽很容易变软，如果长期保存，建议在吃之前再拌进去。干菜比较适合腌渍类沙拉。

冷藏可保存
5天

杂豆羊栖菜沙拉（洋葱芝麻调味）

材料（4人份）

羊栖菜（干燥）·················· 20克

杂豆（真空包装）·················· 1杯

水萝卜·························· 8个

芝麻菜························· 50克

A ┌ 洋葱末、酱油、醋 ············ 各4大勺
　├ 胡萝卜末、砂糖 ·············· 各2大勺
　├ 大蒜末 ···················· 1小勺
　├ 炒熟的白芝麻 ············· 4/3大勺
　└ 色拉油 ··················· 6大勺

做法

1. 羊栖菜洗净后用水泡起来，泡软后控去水分。较长的切成易于食用的长度。

2. 水萝卜切掉叶子，切成5mm大小的块。芝麻菜切成大块。

3. 把A充分混合起来。

4. 把步骤1、步骤2的材料和杂豆放入碗中，加入A充分搅拌即可。（牛尾）

制作技巧

因调味汁有一定的浓度，所以要充分搅拌后再放入保存容器冷藏。多搅拌几次使味道渗透均匀。

冷藏可保存
3天

冷藏可保存
1个月

红芸豆洋葱沙拉

材料（5~6人份）
红芸豆罐头……… 200克
洋葱……………… 1/2个
盐………………… 1/4小勺
A｜橄榄油、柠檬汁
　｜　………… 各1大勺
　｜香菜末 ……… 1/2小勺
　｜盐、胡椒 …… 各少许

做法
1. 洋葱切成碎末后抹上盐，当水分渗出后用毛巾等包起来挤掉水分。
2. 把红芸豆罐头去汁后放入碗中，加入步骤1中备好的料和A搅拌，使其充分入味。（牛尾）

制作技巧
冷藏可保存1周，冷冻可保存1个月，能够长期保存也是这道沙拉的一大魅力。如果冷冻，吃的时候自然解冻即可。分成小份放入保存容器，需要时可以直接取出1份放在便当盒里面，非常方便。

墨西哥辣味肉末酱

材料（2~3人份）

红芸豆罐头·············1罐(120克)
牛肉和猪肉合绞肉馅···150克
洋葱（切末）·········1/2个
大蒜（切末）·········1个
红辣椒················1/2根
A ┌ 西红柿罐头········1/2罐(200克)
  │ 番茄沙司·········1大勺
  │ 伍斯特辣酱油·······3大勺
  └ 水··············1/2杯
盐、胡椒··············适量
橄榄油················1/2大勺

做法

1. 红辣椒去籽后切成碎末。
2. 锅中放入橄榄油、大蒜末和红辣椒末翻炒1分钟左右，炒出香味后加入洋葱翻炒。炒至洋葱变透明后加入肉末翻炒。
3. 加入红芸豆罐头和A，不时地搅动一下，不盖盖子，用略小的中火煮10分钟左右，最后用盐和胡椒调味即可。
（上田）

要点

如果肉末没有炒熟，肉的腥味会进入红芸豆中，所以一定要多炒一会儿。

制作技巧

放入保存容器冷藏。煮的时候收汁收得好，即使冷藏起来也不会有脂肪浮上来。建议吃之前稍微加热一下。

冷藏可保存
3天

费时短&零浪费!
保鲜袋腌菜技巧

这里向大家介绍用手头的保鲜袋或塑料袋就能制作的美味腌泡汁或泡菜。

有可快速完成、仅需少量的腌泡汁、干净卫生、把需要洗的东西减到最少、节省冷藏室的空间等优点。

快来学习优点多多的袋腌菜方法吧!

可以少用一些腌泡汁

如用保存容器腌菜,需要用很多腌泡汁,如用袋子腌,用少量腌泡汁即可均匀分布在所有蔬菜上。要点在于,封袋口时,要把里面的空气排空,避免出现空隙。

多涂上一些调味料

在袋子里放入蔬菜和调味料,封上袋口,用力晃动袋子。窍门是在封口的时候在袋子里留一点空气。需先在蔬菜上抹上盐等调味料时,用袋子就变得很简单。比用手抹更卫生,而且能更快地抹匀。

放进口袋后,无论什么形状,什么分量都没关系

例如长度超出保存容器大小的蔬菜,只要能放进袋子里就没关系。而且,量很少也可以腌,对量的多少没有限制,非常方便。想把吃剩下的蔬菜腌起来时,也建议用这个方法。

隔着袋子揉几下,能使蔬菜充分入味

隔着袋子揉几下,能起到使蔬菜充分入味的效果。比用保存容器腌得更快,所以在临时想起做腌菜时,用这个办法非常方便。封紧袋口,为防止腌泡汁洒出来,也可以再套一个袋子。

注:使用带拉链的保鲜袋,或聚乙烯制塑料袋。袋子只能使用一次,不可重复使用。

注:冷藏保存的情况下,请放在平盘上,这样即使有水分渗出来也没关系。

第3章

蔬菜丰富的常备西式泡菜·腌菜

腌菜和泡菜是可保存食物的代表。

经腌泡过后，蔬菜变软，作为常备菜保存起来，使你随时都可以吃到品类丰富的蔬菜。

做好后就能直接吃的袋腌菜和泡菜等菜谱也非常实用！

可以随意选择自己喜欢的蔬菜来做这款泡菜。

冷藏可保存
1 个月

柠檬风味泡菜

材料（容易制作的分量）

芹菜、黄瓜	各2根（200克）
红椒	2个（60克）
柠檬	1个（70克）
A 醋、水	各1杯
砂糖	35克
粗盐	1小勺（6克）
香叶	1片
红辣椒	1根
黑胡椒粒	1/2小勺

做法

1. 芹菜茎切成大块，芹菜叶切成易于食用的大小（芹菜叶颜色容易变差，所以只用半根的叶子就够了）。黄瓜切成大块。红椒竖着切成2半，去籽去蒂后切成1~2cm大小的块状。

2. 柠檬剥皮后切成薄片，去籽（如果是日本产柠檬请用少许盐（分量外）擦洗表皮，洗净后连皮切成薄片）。

3. 把步骤1和步骤2中备好的料放入干净的保存瓶中。

4. 把A放入锅中煮开，注入到瓶中，晾凉后盖上盖子。3小时后就可以吃了。（石泽）

脆爽日式泡菜

材料（容易制作的分量）

芜菁……………………………1个
黄瓜……………………………1根
芹菜、胡萝卜…………………各半根
海带段…………………………10cm
A 醋……………………………1杯
　砂糖…………………………1大勺
　盐、淡味酱油………………各1小勺
　红辣椒………………………1根
　生姜汁………………………1/2小勺

做法

1. 芜菁留1~2cm长的茎，去叶、去皮后切成8等份的块状。黄瓜、芹菜、胡萝卜切成一口大小的滚刀块。

2. 海带用拧干的毛巾擦拭干净。把A放入碗中搅拌，加上海带。

3. 锅中烧开足够的水，放入步骤1的料中快速焯一下，滤干水分后趁热放入步骤2的碗中。腌泡半天以上，使其充分入味即可。（牛尾）

制作技巧
建议用保存容器或果酱瓶等来装。黄瓜原本是生着就可以腌的蔬菜，快速焯水再开始腌更容易入味，也更容易保存。

冷藏可保存
10天

咖喱菜花泡菜

材料（4人份）

菜花	…………………	1个（300克）
葡萄干	…………………	30克
A	醋 ………………	1/2杯
	盐 ………………	4/3小勺
	酱油 ……………	1小勺
	咖喱粉 …………	1/2大勺
	水 ………………	5/4 杯

做法

1. 把菜花分成小朵，其中较大的再切成2半。
2. 把A放入锅中搅拌一下，煮开。
3. 碗中放入菜花和葡萄干，加入步骤2中备好的料使其自然冷却。在冷藏室放1小时以上令其入味。（重信）

制作技巧

晾凉后转移到保存容器或瓶中冷藏。菜花可生着直接腌，但如果不喜欢腌生菜花的味道，可以先焯一下再腌。菜花水焯后会失去嚼劲，所以焯至断生即可。

微波炉泡菜

材料（容易制作的分量）

胡萝卜、芹菜	各1根
小洋葱	1个
A 醋	1/3杯
砂糖	2大勺
盐	1/2小勺
香叶	1片
黑胡椒粒	3~4粒
红辣椒	1根
水	2/3杯

制作技巧

通过微波炉加热，使蔬菜迅速入味，做好就可直接吃。当然，也可保存起来，冷藏可保存1周。

做法

1. 胡萝卜切成1cm厚的小段（条件允许的话可用波浪形刀切），芹菜去筋后切成3/2cm厚的斜块。洋葱竖着切成4等份的块。

2. 把材料A放入耐热碗中搅拌一下，加入步骤1备好的料中。盖上一层保鲜膜，用微波炉加热3~4分钟，然后使其自然冷却。晾凉后转移到保存容器中，放入冰箱冷藏，冷透即可吃。（大庭）

衍生

把喜欢的蔬菜泡菜切成碎末后与奶酪混合搅拌起来，就成了一道简单的前菜。涂在面包或咸饼干上，就成了一道上好的下酒菜。

冷藏可保存
1周

简单朝鲜泡菜

材料（2~3人份）

黄瓜·······················2根
白萝卜····················100克
胡萝卜····················1/4根
盐·························1/4小勺

A ｜ 苹果屑 ··············1大勺
｜ 蒜末、盐 ·········各1/3小勺
｜ 生姜末、砂糖 ···各1/2小勺
｜ 辣椒粉 ···············3/2大勺
｜ 鱼露、芝麻油 ···各1小勺

做法

1. 黄瓜切成大滚刀块，放入带拉链的保鲜袋中，加入盐放10分钟以上待其变软。隔着袋子轻轻揉搓，使水分渗出，然后控干水分待用。

2. 白萝卜和胡萝卜用削皮刀切成细丝，加入A混合均匀。

3. 步骤1备好的料加入步骤2的材料中，隔着袋子揉搓一下，然后整体混合均匀。入味后可以直接吃，放入冰箱冷藏1小时以上使其继续入味会更好吃。（重信）

冷藏可保存
4天

水泡菜

材料（可放在750ml的容器中）

卷心菜…………… 150克
苹果…………… 1/4个（50克）
生姜、大蒜……… 各10克
松子…………… 1大勺
红辣椒丝*……… 少许
A ┃ 粗盐 ………… 4/3小勺
　┃ （8克，水重量的2%）
　┃ 醋、砂糖 …… 各1大勺
　┃ 水 ………… 2杯

*如没有红辣椒丝，也可以不放。

做法

1. 把A放入干净的容器中（不能盖盖子的容器也可以），搅拌一下，使砂糖和盐化开。
2. 卷心菜切成3cm宽的块，生姜切成细丝。苹果（如喜欢可去皮）竖着切成两半后去核，切成薄片。大蒜切成薄片。
3. 把步骤2备好的料和松子、红辣椒丝放入步骤1的容器中搅拌一下，用保鲜膜盖紧后放入冰箱冷藏，冷藏2小时以上即可。（石

除卷心菜外，还可以选用白菜、黄瓜、芹菜、白萝卜等。

制作技巧

腌制和保存时盖上一层保鲜膜，使保鲜膜贴紧食材表面，腌渍汁水可以随意流动。保存时用带拉链的保鲜袋或瓶子等都可以。

冷藏可保存
2 天

冷藏可保存
5 天

基本款暴腌咸菜

材料（容易制作的分量）
喜欢的蔬菜（左图是用卷心菜
制作而成的）………… 200克
粗盐………………… 1/2~2/3小勺（蔬菜
　　　　　　　　　　重量的1.5%~2%）

做法

1. 卷心菜去除硬心后切成一口大小的块。把其中一半的量放入带拉链的保鲜袋（带拉链的保鲜袋，选用冷冻用的中号最合适），加入一半粗盐。
2. 轻轻上下晃动袋子，待盐入味后加入剩下的卷心菜和剩下的粗盐，放置5分钟。卷心菜变软后把蔬菜集中在袋子底部，然后向上卷起袋子，同时排掉袋子中的空气，拉上拉链。
3. 汁水可能会漏出来，所以要保持袋口向上放在浅碟子上，在阴凉处放15分钟就可以吃了。（石泽）

暴腌小松菜

制作技巧

吃之前隔着袋子轻轻揉几下，使蔬菜中多余的水分渗出来，吃多少取多少。剩下的部分，要再次排掉空气，拉上拉链冷藏起来。

暴腌黄瓜

南瓜味噌腌菜

材料（容易制作的分量）
南瓜* …………… 200克
味噌 ……………… 1大勺
*也可以用200克其他自己喜欢
的蔬菜。

做法

1. 南瓜切成4~5mm厚的一口大小的块，放入带拉链的保鲜袋（保鲜袋最好选用冷冻用的中号），用微波炉加热70秒。

2. 味噌用1大勺水稀释后加入步骤1备好的料中，晃动袋子使其入味，然后放5分钟左右，再搅拌几下。

3. 排掉袋子中的空气，拉上拉链，袋口朝上放在盘子上，放置15分钟左右即可。（石泽）

制作技巧

如果用保鲜袋制作，只用少量的味噌就可以。腌渍时的重点在于保持密闭状态，冷藏保存。吃之前隔着袋子轻轻揉几下，然后取出要吃的分量盛在容器里即可。

冷藏可保存
5天

香橙蜂蜜萝卜泡菜

材料（容易制作的分量）

白萝卜…………400克

香橙…………1个（100克）

蜂蜜…………200克（白萝卜重量的一半）

做法

1. 白萝卜切成宽约2cm的块，香橙切成薄片，放入干净的容器中，加入蜂蜜。

2. 备好的料室温下放1天，待水位上升至能淹没白萝卜后，放入冰箱冷藏。如果放了2天出水量还是不够，请再添加一些蜂蜜，直至盖住白萝卜为止，然后冷藏保存即可。（石泽）

贴士

防感冒腌泡汁

又称为"萝卜水"。用开水把腌泡汁稀释一下，然后小口喝下去。具有润嗓效果，是预防感冒和适用于感冒初期的民间小药方。

制作技巧

首先，在常温下腌出萝卜中的水分，用萝卜中的水分腌制。当出水量足够后放入冰箱冷藏。也可以用带拉链的保鲜袋或瓶子等。

冷藏可保存
2周

腌黄瓜

材料（4人份）

黄瓜……………… 4根
红辣椒…………… 1根
A ｜ 海带段 ……… 5cm
｜ 盐 …………… 1大勺
｜ 水 …………… 2杯

做法

1. 黄瓜切掉两端。海带用拧干的毛巾擦拭干净。
2. 把去籽后切成两半的红辣椒、黄瓜和A放入带拉链的保鲜袋，排掉袋子里的空气，拉上拉链。袋口朝上放在平盘等盛器上面，放入冰箱冷藏一晚以上即可。（小林）

整个地腌，整个地吃也是一种乐趣。

冷藏可保存
3 天

酱油醋泡黄瓜

材料（4人份）

黄瓜·····················4根
A 醋·····················2小勺
  酱油·····················140ml
芝麻油·····················适量

做法

1. 用擀面杖等轻拍黄瓜至拍出裂痕，先切成4cm长的段，再竖着切成4等份。
2. 把步骤1中的黄瓜和A放入带拉链的保鲜袋，排掉空气后拉上拉链，腌至黄瓜变软。
3. 滤干汁水后淋上芝麻油即可。（濑尾）

制作技巧

入味太过后口感会变差，所以待味道腌得差不多时，要把腌泡汁滤干，淋上芝麻油后放入保存容器冷藏起来。

冷藏可保存
3天

做好后可以直接吃，保存后味道也毫不逊色的快手菜！

4 种新式泡菜

下面向大家介绍用最少的材料，最短的时间制作后可以直接吃的4种泡菜。
材料全部按容易制作的分量准备。(重信初江)

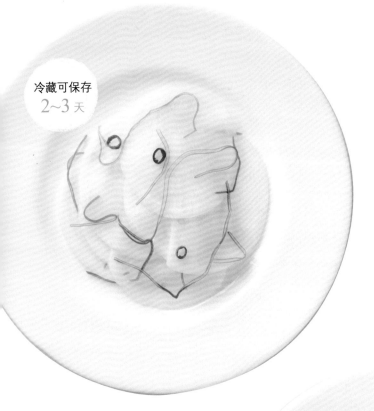

冷藏可保存
2~3 天

芜菁泡菜

材料

大芜菁……………	1个
海带丝……………	少许
红辣椒圈…………	少许
A | 醋、砂糖 ……	各1大勺
| 盐 …………	1/3小勺

做法

1. 芜菁切成薄片。
2. 把海带丝、红辣椒圈、材料A、1/2 大勺水加入芜菁片中，腌15分钟左右，轻轻揉搓后滤干水分即可。

野油菜芥末泡菜

冷藏可保存
2~3 天

材料

野油菜……………	50克
盐…………………	1/2小勺
A | 芥末粉 ………	1/3小勺
| 干鲣鱼薄片 …	2克

做法

1. 把野油菜切成5~6cm长的段，摆放在平盘上。
2. 半杯水加盐煮开，浇在野油菜段上。加入A搅拌一下，盖上保鲜膜放置凉透，使其入味即可。

冷藏可保存
2~3 天

辣味豆芽榨菜泡菜

材料

豆芽……………… 100克
榨菜（已调味）… 10克
A｜酱油 ………… 1小勺
　｜辣油 ………… 少许

做法

1. 榨菜剁碎。
2. 把豆芽和榨菜放入耐热器皿，加入A搅拌一下。盖上保鲜膜，用微波炉加热1分钟，然后自然冷却即可。

小白菜泡菜

材料

小白菜…………… 1棵
胡萝卜段………… 3cm
生姜……………… 1个
汤汁（即用型）… 3大勺

做法

1. 小白菜菜叶切成大块，菜帮切成细丝。胡萝卜和生姜都切成细丝。
2. 备好的料放入耐热容器，淋上汤汁，盖上保鲜膜后，用微波炉加热1分钟，然后自然冷却即可。

冷藏可保存
2~3 天

专栏3
冷藏后更好吃的沙拉酱汁

冷制菜品，因为可以做好后冷藏起来，所以是忙碌时的应急好帮手。带有色拉感觉的汤汁浓缩了蔬菜中的营养和味道，一杯就可以立刻补充蔬菜养分。

冷藏
可保存
2 天

西班牙凉菜汤
有浓郁西红柿味道的加冰浓汤

材料（2人份）

西红柿	3个
青椒	1/2个
紫洋葱（或黄洋葱）	1/8个
蜂蜜、醋	各1小勺
盐	1/4小勺
朝天椒	少许

做法

1. 西红柿去蒂，青椒去蒂去籽，与紫洋葱一起切成大块，放入搅拌器。加入剩余的材料，搅拌均匀。
2. 倒进容器，加上冰块即可。（藤井）

黄酱汤凉拌汁
用凉的黄酱汤，腌制香味十足的烤蔬菜

材料（2人份）

秋葵	4根
迷你西红柿	4个
阳蘘	2个
八丁豆酱	3/2大勺
高汤	3/2杯

做法

1. 用少量高汤把八丁豆酱稀释一下，与剩下的高汤混合起来放入锅中，煮开后自然冷却，晾凉后放入冰箱放凉。
2. 把秋葵、迷你西红柿和阳蘘放在烤架（或烤鱼架，或开放式烤炉）上，烤至稍微上色的程度。
3. 把秋葵和阳蘘竖着切成两半，和迷你西红柿一起放入容器，倒入步骤1备好的料中即可。（检见崎）

冷藏
可保存
2 天

辣椒菜豆酸奶浓汤
清爽的凉汤，加上一个个的蔬菜丁，成就至上美味

材料（2人份）

南瓜	30克
辣椒（红色）	1/8个
菜豆	3根
原味酸奶	3/4 杯
盐、胡椒	各少许
A 固体汤料（鸡肉味）	1/2个
香叶	1/2片
百里香	少许
开水	3/4杯

做法

1. 把南瓜和辣椒切成宽4~5mm的小块，菜豆切成4~5mm宽的小块。
2. 锅中放入A加热，把固体汤料化开后加入步骤1备好的料。煮至蔬菜熟透后关火，晾凉待用。
3. 酸奶汁搅顺滑后加入步骤2做好的料中好好搅拌下，用盐和胡椒调味，放入冰箱冷藏即可。（检见崎）

冷藏
可保存
2 天

第4章

提前把辣酱油、沙拉酱、汤底做好备用，随时做的沙拉

把沙拉酱和汤底提前做好备用，吃的时候只需加入新鲜蔬菜搅拌一下，就能立刻做出的沙拉。

还有新鲜鱼类沙拉和喜温蔬菜的搭配等，很多种创意方法哟！

冷藏可保存
2~3天

帕尼卡乌达辣酱油

材料（容易制作的分量）

牛奶……………… 2/3杯

大蒜……………… 1个

A | 鳀鱼（鱼脊肉片）
　 ………………… 15克
　 盐 …………… 2/3小勺
　 生奶油 ……… 1/2杯
　 胡椒 ………… 少许
　 橄榄油 ……… 1杯

做法

1. 大蒜去掉薄皮，与牛奶一起放入小锅中，煮开后调成小火。不时上下翻动大蒜，煮至大蒜变软，把多余的牛奶倒掉。

2. 把大蒜捣碎，加入材料A后边搅拌边捣碎。（夏梅）

制作技巧

保存过程中橄榄油会覆盖住表面，可防止变质。吃的时候搅拌一下。加热一下把它变成热辣酱油也很好吃。

利用辣酱油
制作蔬菜蘸酱

辣椒、西芹、菊苣各适量，分别切成
易于食用的大小，盛在容器中，加上
帕尼卡乌达辣酱油。除此以外，还可
以添加一些西蓝花、绿芦笋、胡萝卜、
黄瓜等蔬菜。

自制沙拉酱

常规沙拉的沙拉酱也可以作为常备调味料制作出来。可以制作出适量沙拉酱，做出新鲜而又健康的沙拉。下面的材料全部是容易制作的分量。如要给儿童吃，可以不加白葡萄酒。

搭配喜欢的蔬菜，随时可以做出沙拉

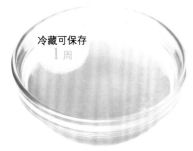
冷藏可保存 1周

芥末沙拉酱

材料 白葡萄酒西洋醋2大勺，芥末1/2大勺，盐、胡椒各适量，色拉油1/4杯

做法 把除色拉油外的所有材料混合起来，最后把色拉油淋上去，边淋边搅拌即可。

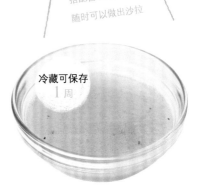
冷藏可保存 1周

法式沙拉酱

材料 白葡萄酒西洋醋（或醋）1/2杯，色拉油1杯，盐1小勺，白胡椒粒（或普通胡椒）1/4小勺

做法 把所有材料放入碗里，搅拌均匀即可。

冷藏可保存 1周

冷藏可保存 2天

洋葱沙拉酱

材料 洋葱末4大勺，盐、黑胡椒粒各少许，芥末2小勺，柠檬汁、白葡萄酒各1大勺，橄榄油3大勺

做法 按顺序依次把材料放进去搅拌，最后淋上橄榄油，边淋橄榄油边搅拌即可。

中式沙拉酱

材料 A（熟白芝麻1/2大勺，醋、酱油各2大勺），芝麻油、色拉油各1/4杯

做法 把材料A搅拌均匀，淋上芝麻油和橄榄油，一边淋油一边不停地搅拌即可。

制作技巧

制作时只需要搅拌的沙拉酱，建议使用果酱瓶等带密封盖子的保存瓶。把所有材料放进去，只需晃动瓶子就能充分搅拌，也可以直接保存起来。

晃动！

凯撒沙拉酱

材料 法式沙拉酱1/2杯，洋葱末1大勺，大蒜末1瓣，鳀鱼（切末）3条，奶酪粉2大勺，柠檬汁、白葡萄酒各2大勺，蛋黄1个，小茴香4粒，辣椒粉1/2小勺

做法 把所有材料充分搅匀即可。

冷藏可保存 1周

只需搅拌一下

蛋黄沙拉酱

为普通蛋黄酱添加上其他的味道，可以使蔬菜吃起来更美味，令人更有食欲。
这里集中了最简单、最受欢迎的蛋黄沙拉酱。
所有材料都是按容易制作的分量准备。

章鱼蛋黄酱

材料　蛋黄酱4大勺，章鱼1小条，柠檬汁1/2大勺

做法　章鱼去掉薄皮，与蛋黄酱混合在一起，加入柠檬汁再充分搅拌即可。

冷藏可保存 3天

还可以加入蔬菜条哦！

冷藏可保存 2天

芝麻味噌蛋黄酱

材料　蛋黄酱5大勺，炒熟的白芝麻4大勺，味噌1大勺，砂糖1小勺

做法　把所有材料放入碗中充分搅拌即可。

奶酪蛋黄酱

材料　蛋黄酱1大勺，奶酪50克

做法　奶酪放在室温下回软，与蛋黄酱混合均匀即可。

冷藏可保存 3天

芥末酱油蛋黄酱

材料　蛋黄酱4大勺，芥末粉2小勺，酱油1小勺

做法　把所有材料放入碗中充分搅拌即可。

冷藏可保存 2天

咸海带蛋黄酱

材料　蛋黄酱4大勺，咸海带末20克

做法　把咸海带末和蛋黄酱放在碗里搅拌均匀即可。

冷藏可保存 3天

香草醋

材料（容易制作的分量）

百里香·····················2枝（3克）

罗勒·······················1枝（4克）

醋·························3/4杯

注：除百里香外，也可以加入墨角兰、牛至、荷兰芹、细香葱、洋苏叶等，根据自己的喜好随意选择。

做法

1. 百里香和罗勒洗净后拭去水分。百里香切成3~4cm长的段，罗勒根据长度切成2~3等份。（腌制过程中香草类浮出醋的表面，会导致霉菌滋生，所以要切短一点。）

2. 把步骤1中的材料放入干净的保存瓶中，注入醋，确保香草被醋完全淹没。刚开始腌的1~2天内，香草很容易浮上来，浮上来后请立即把它压下去，腌制1周左右就可以用了。（石泽）

常温可保存
6个月

制作技巧

可常温保存。如果香草浮出醋的表面，可放入冰箱冷藏。这种情况下可冷藏2周时间。或者，直接把浮在醋上面的香草清理出来，当天做饭时用掉。

用香草醋做的

沙拉

醋也可以当作沙拉酱或调味汁使用。在生鱼片（图片中为竹荚鱼）上撒上盐，把香草醋（含香草）一起浇在上面，静置一会儿使其入味。也可以再加上一些洋葱丝等。

卡尔帕乔辣酱油

材料（2人份）

洋葱末·······················3大勺
大蒜末·······················1小勺
盐···························1/2小勺
胡椒··························少许
醋、橄榄油····················各3大勺

做法

1. 洋葱放在清水中浸泡3分钟后，用厨房纸巾包起来，用力握紧挤出水分。
2. 把所有材料放入碗中，充分搅拌直至整体入味。

冷藏可保存
1周

制作技巧

因洋葱和大葱等蔬菜末容易沉到保存容器底部，所以建议用可以摇晃搅拌的瓶子保存。醋和油会分离开，所以吃之前要再次搅拌均匀。

用辣酱油做

卡尔帕乔沙拉

所谓卡尔帕乔沙拉就是在生的薄牛肉片上浇上辣酱油制作而成的意大利前菜。在日本，大多数都是在白鱼（图中为加吉鱼）或金枪鱼、章鱼等的生鱼片上，浇上辣酱油制作而成。

芝麻拌料

冷藏可保存
3 天

材料（4人份）

炒熟的黑芝麻（或白芝麻）
……………………………… 4大勺
酱油、高汤…………… 各2大勺
砂糖………………………… 2小勺

做法

1. 把芝麻放入干燥的炒锅中，用中火轻轻翻炒，炒出香味后转移到研钵中，用研磨棒把芝麻研磨至自己喜欢的程度。

2. 把其他的材料全部加进去，继续研磨至整体入味。

制作技巧

充分捣碎混合后的芝麻拌料，可以使芝麻的风味渗透到所有食材中。做好了这款芝麻拌料，可以随时用它来拌焯过的青菜、根菜和果菜等，一道菜很快就完成了。

用芝麻拌料做

芝麻拌扁豆

材料（2人份）

扁豆200克，芝麻拌料2人份，盐少许

做法

扁豆去筋去蒂，加盐水焯至略硬程度（焯足够长时间，以破坏毒素）。用冷水冷却一下，切成易于食用的大小放入碗里，用芝麻拌料搅拌均匀即可。（以上均为石泽）

味噌拌料

材料（4人份）

白味噌（甜味）………………	10大勺
醋………………	6大勺
砂糖………………	4大勺
辣椒粉………………	2/3小勺

做法

把所有材料放进碗里，充分搅拌直至砂糖化开，使其整体柔滑即可。

冷藏可保存
1周

制作技巧

适合用来拌蔬菜和水焯章鱼、鱿鱼、生贝类，以及海草等海藻类，是一种非常方便的凉拌汁。拌海鲜时，可根据自己的喜好多加些醋。充分搅拌是长期保存的秘诀。

用味噌拌料做

味噌拌冬葱

材料（2人份）

冬葱……………	1把（200克）
味噌拌料………	2人份

做法

1. 冬葱去根去尖，用热水焯一下，焯至稍微变软后迅速捞出来，在滤筐中摊开冷却。

2. 摆放在菜板上，用刀背把中间的黏液拍出来，切成4cm长的小段。放进碗中，用味噌拌料搅拌均匀即可。

（以上均为石泽）

使蔬菜更美味的 汤底·酱料

以下材料全部为容易制作的分量

冷藏可保存 2 天

冷藏可保存 3 天

烤辣椒奶酪沙拉酱

材料

辣椒*（红色）4个

A | 奶酪 ………… 100克
  | 盐 ………… 1/2 小勺
  | 胡椒 ………… 少许

*辣椒选择自己喜欢的颜色就行

做法

1. 把辣椒放在烧烤架上，用大火烤20~25分钟，烤焦。用锡纸等包起来蒸，晾凉，剥去薄皮。切成两半后去蒂去籽，用厨房纸巾拭去水分。
2. 可把步骤中的材料和A放入食物搅拌器，搅拌至整体柔滑。如没有搅拌器，可把它切成碎末，与A搅拌均匀即可。

> **制作技巧**
> 放一段时间后，辣椒中可能会渗出水分，所以冷藏过程中要时不时搅拌一下，吃之前也要再搅拌几下。

鳄梨沙拉酱

材料

鳄梨 ………… 2个

柠檬汁 ………… 1个

A | 洋葱（切末）…… 1/8个
  | 大蒜（切末）…… 1/2瓣
  | 盐 ………… 1/3小勺
  | 胡椒 ………… 少许

B | 橄榄油 ………… 3~4大勺
  | 朝天椒* ………… 1小勺

香菜 ………… 2根

*请根据自己的喜好调整朝天椒的用量

做法

朝天椒去籽去皮，加入A和柠檬汁后捣碎。加入B后搅拌至整体柔滑。最后将香菜切成碎末后撒在上面即可。（以上均为夏梅）

> **制作技巧**
> 朝天椒经过放后颜色会变差，所以要立即浇上充足的柠檬汁。即使颜色变了也丝毫不影响美味的程度。

第4章提前把辣酱油、沙拉酱、汤
底做好备用，随时做的沙拉

推荐的蔬菜

把生菜、莴苣、各种香草类、黄瓜、
迷你西红柿、小葱、青葱、水萝卜等，
切成易于食用的大小，或焯一下盛起
来。玉米片用鳄梨酱来拌非常完美，
也可以用来搭配长面包或饼干，也非
常好吃。

大葱味噌酱

材料（容易制作的分量）
大葱……………1根（净重90克）
味噌……………90克

做法

1. 大葱去掉根部和葱叶部分后切成葱圈，放入碗中。

2. 加入味噌，充分搅拌后放入干净的容器。放入冰箱冷藏，冷藏1天后就可以取用了。（石泽）

冷藏可保存
2周

制作技巧

刚开始的时候味噌和大葱都比较硬，随着存放时间变长，大葱中的水分会渗出，从而使整体变软而比较温和。吃之前先搅拌一下。

注：
可以用来拌黄瓜、胡萝卜、白萝卜等蔬菜条。此外，搭配烤饭团、烤炸豆腐、油炸豆腐和串烧等都非常棒。也可以再加一些辣椒粉。

冷藏可保存
3周

肝泥酱

材料（容易制作的分量）

鸡肝……………	150克
洋葱……………	1/4个
大蒜……………	1瓣
荷兰芹…………	适量
黄油……………	40克
生奶油…………	1/4杯
白兰地…………	1大勺
盐、胡椒………	各少许
黑胡椒粒………	10粒

制作技巧

如需长期保存，冷冻起来可保存1~2周时间。如果做得比较多，建议提前分成小份冷冻保存。

做法

1. 鸡肝去掉脂肪，浸泡在冷水中除血，擦干水分后撒上盐和胡椒。黄油和生奶油冷却好备用。

2. 洋葱切成小块，大蒜拍散后捣碎，煎锅中倒入10克黄油化开，把洋葱和大蒜放进去翻炒。加入鸡肝翻炒，炒至变色熟透后，加入白兰地改成大火，把酒精蒸发掉。

3. 放入食物搅拌器，加入一半的黑胡椒和荷兰芹搅拌数秒，然后加入剩余的黄油再搅拌数秒。接着加入生奶油继续搅拌至整体柔滑后盛入容器。

4. 把剩下的黑胡椒拍散捣碎，最后可用意大利香菜加以装饰。（祐成）

注：
肝泥酱可以用来搭配长面包，搭配蔬菜也非常不错。选择一些既不用切也不用水焯的蔬菜来拌，就更轻松了。

*建议搭配迷你西红柿、水萝卜、豆芽、芝麻菜等。

罗勒酱

材料（容易制作的分量）

罗勒叶…………… 40片（50克）

松子……………… 50克

大蒜……………… 1瓣

帕马森干酪……… 60克

盐………………… 1/2小勺

橄榄油…………… 1/2杯

做法

1 罗勒叶洗净后控干水分，较大的叶子撕成2~3等份。松子用开放式烤炉小火烤5分钟左右，或用煎锅煎。

2 把除橄榄油之外的材料放进食物搅拌器中搅拌，整体搅碎后再加入橄榄油总量的1/3，继续搅拌。

3 剩下的橄榄油分2次以同样的方式加进去，搅拌至整体成柔滑的酱料状态即可。

冷藏可保存 6个月

用罗勒酱做

罗勒酱拌热蔬菜

把土豆或扁豆等焯熟后，趁热用罗勒酱拌一下（可根据自己的喜好，提前用盐和胡椒调味）。搭配肉和鱼吃相当不错，搭配蔬菜也可以。

要点

橄榄油分3次加入，整体搅拌至柔滑状态。搭配热蔬菜或炒菜、烧烤等都非常美味。搭配意大利面或肉类也相当不错。

制作技巧

放进干净的保存瓶，表面再倒进一层橄榄油以隔断空气，是保持美丽色泽和风味的关键。如果保存恰当，可以放很长时间。

提前制作的
蔬菜·水果甜品

充分调动了蔬菜和水果的自然甜味，是令人心情愉悦的常备甜品。
用于饭后清口，也可以直接放在便当里吃。
建议做成一口大小保存起来。
（以下均为牛尾理惠制作）

蜂蜜奶酪拌猕猴桃

材料（6人份）

猕猴桃	2个
干酪	3大勺
蜂蜜	1大勺

做法

1. 猕猴桃切成1.5cm厚的小块，放入碗中，加入蜂蜜和干酪搅拌。
2. 平均分到6个硅杯中，摆在保存容器中进行冷冻即可。

冷藏可保存
1~2周

冷藏可保存
10天

御手洗风炒豆

材料（容易制作的分量）

炒大豆（市售品）		50克
A	砂糖	3大勺
	料酒	2大勺
	酱油	1大勺

做法

1. 把材料A放入锅中煮开，加入大豆后搅拌一下，平铺在浅盘上。
2. 晾凉后转移到保存容器中，凉透后放入冰箱冷藏即可。

冷藏可保存
1周

糖拌迷你西红柿

材料（5人份）

迷你西红柿·······················20个
砂糖································6大勺
薄荷叶·····························6片

做法

1. 迷你西红柿去蒂，放入滤筐中用开水烫，然后过冷水，去皮，控干水分后放入保存容器。
2. 把砂糖和1杯水放入锅中煮开，注入步骤1中的容器里，冷却。
3. 加入薄荷叶，冷藏即可。

冷藏可保存
1~2周

南瓜球

材料（4人份）

小南瓜······················· 200克
A 砂糖 ·······················3大勺
黄油 ·····················20克
肉桂粉 ·················少许

做法

1. 南瓜不用去皮，直接切成一口大小的块，摆放在耐热器皿中，盖上一层耐热保鲜膜，用微波炉加热3分钟。趁热放到碗中捣碎，加入材料A充分搅拌。
2. 平均分成8份，分别放在平铺着的保鲜膜上，一块保鲜膜上放一份，然后包起来拧紧，置室温下晾凉。
3. 揭开保鲜膜，放入硅杯，摆放在保存容器中冷冻即可。

冷藏可保存
1~2周

大学魔芋

材料（6人份）

魔芋·······························1块（200克）

A ┌ 砂糖 ·····························3大勺
  │ 料酒 ·····························2大勺
  └ 盐 ·······························少许

食用油·····························适量

做法

1. 魔芋不用去皮，直接切成1.5cm厚，6~7cm长的条，用加热至170℃的油炸制，炸后滤干多余的油。
2. 把材料A放入锅中煮开，加入步骤1中搅拌。
3. 平均分成6份，分别放入硅杯中，摆放在保存容器里，晾凉后放入冰箱冷冻即可。

红茶杏干

材料（容易制作的分量）

杏干·······························100克

红茶茶包·····························1个

肉桂棒·····························1根

注：肉桂棒也可以换成少许肉桂粉

做法

1. 把杏干和肉桂棒放进保存容器。
2. 把红茶茶包放进1杯开水中泡开，泡至红茶达到普通的浓度后，趁热倒进步骤1的容器中。
3. 晾凉后放入冰箱冷藏即可。

冷藏可保存
1周

迷迭香橙子

材料（6人份）

橙子……………………………… 2个
迷迭香…………………………… 1枝
A｜白酒 ………………………… 2小勺
　｜砂糖 ………………………… 2大勺

做法

1. 橙子一瓣瓣剥开并剥去薄皮，放进碗里。
2. 迷迭香取嫩叶，与材料A一起放进步骤1的碗中搅拌均匀。
3. 平均分成6份放入硅杯，摆放在保存容器中，放入冰箱冷冻即可。

冷藏可保存
1~2 周

肉桂香蕉

材料（6人份）

香蕉……………………………… 2根
柠檬汁…………………………… 1大勺
砂糖……………………………… 3大勺
肉桂粉…………………………… 少许

做法

1. 香蕉切成1cm厚的小段，洒上柠檬汁。
2. 在小锅中放入砂糖和1大勺水加热，熬3分钟左右熬出糖色，加入步骤1中的材料和肉桂粉后搅拌均匀。
3. 平均分成6等份后放入硅杯，摆放在保存容器中，晾凉后放入冰箱冷冻起来即可。

冷藏可保存
1~2 周

我本人喜欢用并特别推荐的保存容器

经常被用来保存做好的沙拉或腌制泡菜，非常实用的一些容器。
请仔细了解各种容器的特征，并结合具体用途作出恰当选择。

玻璃容器

可以从外面看到里面的样子，因此便于观察腌渍程度和容器内容的变化，且不容易留下味道，用起来非常方便。而且很多玻璃容器都可以在微波炉中加热，深型、浅型带盖容器，用来做腌菜最合适了。放在冰箱中冷藏也能方便看出其中的内容。

玻璃瓶

可以看到其中的内容，且不容易留下味道，所以适合用来盛放沙拉酱或调味汁等液体以及泡菜等带汁的东西。把材料放进去并盖上盖子晃动瓶子，就可以制作调味汁或腌泡汁等，制作好还可以原样保存。使用时再晃几下即可。果酱等的空瓶子也可以用。

搪瓷容器

可以冷冻保存，可以直接用来做菜，还可以放在火上加热，是性能卓越的一种容器。适合任何一种料理的简单设计，直接放在餐桌上也很时尚。备上各种大小的一套，用起来会很方便。但是，需要注意的一点是易碎，不可以用微波炉加热。

陶瓷容器

内部温度相对恒定，且光线不容易穿透，是其特征所在。适合用来盛放腌菜等在常温下长期保存的东西。比较重，所以不适合来回移动，但用手触摸后留下的温度令人难以抗拒。直接放在餐桌上也毫不逊色，这也是它的一大魅力。

塑料容器

带盖子的塑料容器
价格亲民，且各种尺寸都有，是最容易找到的保存容器。轻便，且密封性良好，是厨房必备品。但是，盛放某些料理可能会串味和染色，所以需要注意。放在微波炉里使用前，需要确认下是否适用微波炉，有的产品可能不适用。

密封容器
形状和尺寸都多种多样，价格也比较亲民，很轻便，可以叠放收纳。可冷冻保存，也可以连盖子用微波炉加热，有防漏的密封型和带刻度的类型，用起来非常方便。

不锈钢容器

不容易染色和串味，耐脏耐霉菌，非常结实。热传导性较好，放入冷藏库可以很快冷却下来。另一方面，盛放热东西时要注意防止烫伤。需先晾凉再冷藏保存的情况下，请先放凉再装。微波炉不适用。

带拉链的保鲜袋

不占地方，放在冷藏库的小缝隙中就行。腌泡汁少一点也没关系，建议做腌菜和泡菜时用。如果长时间保存可能会漏汁，需提前采取措施，可用双层装等。

材料索引

TITLE：［作りおきサラダ］

BY：［主婦の友社］

Copyright © Shufunotomo Co., Ltd. 2013

Original Japanese language edition published by Shufunotomo Co., Ltd.

All rights reserved. No part of this book may be reproduced in any form without the written permission of the publisher.

Chinese translation rights arranged with Shufunotomo Co., Ltd.,Tokyo through Nippon Shuppan Hanbai Inc.

本书由日本株式会社主妇之友社授权北京书中缘图书有限公司出品并由青岛出版社在中国范围内独家出版本书中文简体字版本。

著作权合同登记号：图字15-2015-238

图书在版编目（CIP）数据

美味沙拉 120 款 / 日本主妇之友社编著 ; 赵净净译

. -- 青岛 : 青岛出版社 , 2015.9

ISBN 978-75552-3041-0

Ⅰ . ①美… Ⅱ . ①日… ②赵… Ⅲ . ①沙拉 – 菜谱

Ⅳ . ① TS972.121

中国版本图书馆CIP数据核字(2015)第223366号

美味沙拉 120 款

日本主妇之友社　编著　　赵净净　译

策划制作：北京书锦缘咨询有限公司（www.booklink.com.cn）

总 策 划：陈　庆

策　　划：宋书新

设计制作：王　青

出版发行　青岛出版社

社　　址　青岛市海尔路182号（266061）

本社网址　http://www.qdpub.com

邮购电话　13335059110　0532-85814750（传真）　0532-68068026

责任编辑　宋来鹏

印　　刷　北京美图印务有限公司

出版日期　2016年1月第1版　2016年1月第1次印刷

开　　本　16开（889毫米×1194毫米）

印　　张　8

书　　号　ISBN 978-7-5552-3041-0

定　　价　35.00元

编校质量、盗版监督服务电话　4006532017

（青岛版图书售出后如发现印装质量问题，请寄回青岛出版社出版印务部调换。

电话：0532-68068638）